"公众科学素养读本" 主编：吴国盛

胡翌霖 / 著

科学文化史话

A Brief History of Scientific Culture

目录

引　言　科学可学吗？　　　　　3

第一章　希腊文化　　　　　　11
　　　　——科学精神的起源

第二章　基督教文化　　　　　59
　　　　——科学革命的土壤

第三章　印刷术　　　　　　　93
　　　　——科学革命的媒介

第四章　牛顿力学　　　　　　131
　　　　——机械世界的完成

第五章　科玄之争　　　　　　171
　　　　——科学时代的人文教育

结　语　　　　　　　　　　　204

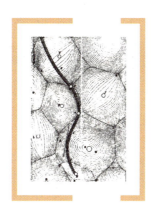

引言

科学可学吗？

教育是令人敬佩的东西，但是要始终牢记：凡是值得知道的，没有一个是能够教会的。

——王尔德

科学是什么？对于这个问题有许多种回答方式，一种是列举说科学包含物理学、化学、生物学等内容，二是说科学具有逻辑的、实验的等特色，三是讲述科学在历史上的来龙去脉。就好比要介绍一个人时，可以列举他现任的职务，或者说说他的性格和爱好，又或者讲述他的生平经历。这几种方式互相补充，在某种意义上说，只有了解一个人的过去，才真正能对一个人"知根知底"。

本书就将采取历史的视角来解说科学，科学史将是本书的主题，但同时，我们关注的并不是年表的陈列，而是希望通过历史的追溯，理解科学之所是。

作为"公众科学素养读本"，这本书并不想成为一部教材，也不想写成一部学术专著，而是定位于面向公众的科学普及读物。

所谓科学素养，不完全等同于科学知识或科学技能，还隐含着一些道德修养、文化素质或精神气质方面的意味。因此本书关注的重点并不在于具体的科学发现的历史，而是关注科学作为一种精神文化的历史。至于科学如何能够作为一种文化，科学与人的教养有何关系，正是本书将要解说的话题。

另外，所谓"科学普及"的定位其实也并不明朗。事实上，一般科学知识的普及是通过中小学教育完成的，而专业化的科学训练则是大学的任务。至于我们所说的"科普"，一般来说指的并不是上述的教育环节，而是在教育体系之外的一些活动。做科普与读科普似乎不再是一种教育与学习的关系，而更多地是展演和欣赏的关系。

我们希望能够通过读科普理解科学精神，领略科学的奥妙，培养科学素养，而学校教育似乎只侧重于传授具体的科学知识和掌握各种技能。然而，数学、物理、化学等具体的教学科目加起来，是否就已经涵盖了"科普"的全部内涵了呢？或者说，是否还存在着某些游离于现代教育体系之外的东西，需要以某种"教育"以外的方式才能普及呢？

这就涉及到教育究竟是什么的问题，而这也恰是本书的叙事线索之一。

当然，这门书的主题始终还是"科学"，我希望通过我的讲述，让读者对"科学是什么"获得更新的理解。

中国人喜欢讲"顾名思义"，所谓科学，字面上

日本翻译家西周

西周（1829—1897），日本明治时代启蒙家和翻译家，他从古汉语经典或常用汉字中创造性地组合新词，翻译了大量西学概念，如哲学、科学、技术、理性、感性、艺术、归纳、演绎等等。其中数以百计的词汇在现代日语和汉语的日常使用中扎根。

讲，就是"分科之学"。科学这个词语和民主、自由、理性、经验、社会、文化、哲学、文学等重要的词汇一样，都来自日本人的翻译。这些"外来词"早已被我们习以为常、见怪不怪了，其中许多遮蔽和狭隘之处尚未得到充分的检视。"分科之学"抓住了西方科学按研究领域专业分科的特征，但这一特征其实是相当现代的，对分科特征过多的注意恐怕无助于我们从根源上理解科学的来龙去脉。

但反省往往也仅止于"分科"，而对于"之学"的理解，似乎完全不成问题。"学"就是学习、学校、教学之学。科学作为"学"，当然是某种可学的东西，这看起来比科学之"分科"更加理所当然。但实情如何呢？这会否又是一个顾名思义的误导呢？

与此类似的是"哲学"一词，字面上看，它是"智慧之学"。但在西方历史中，"哲学（Philo-sophy）"源于古希腊的"爱—智慧"，希腊哲学家把自己称作"爱智者"从而与当时的"智者（Sophist）"区分开来，后者指的恰恰是兜售智慧的职业教师。也就是说，爱智者从一开始就与"教师"划清了界限。

直到近代，康德仍然说"哲学是不能教的"，但他却恰恰是第一批以教学为业的哲学教授。而在古希腊，与智者划清界限的柏拉图创立了第一所"学园"。难道他们言行不一吗？还是说关于可学的和不可学的，古代先哲们有着自己独到的见解？

引 言 科学可学吗？

智者普罗泰戈拉

德谟克利特（中）与普罗泰戈拉（右），Salvator Rosa（1615—1673）所作。

普罗泰戈拉是公元前5—前4世纪古希腊智者中的代表人物。在那个时期，智者主要指教授青年学生（主要是修辞术和辩论术）以收取报酬的职业教师。智者派的学说大多倾向于相对主义或怀疑论，例如普罗泰戈拉的名言"人是万物的尺度"。不过他们的著述早已散佚，我们主要只能通过柏拉图和亚里士多德对他们的批判来了解他们的思想。

我们将看到，随着科学的发展，人们对于"何物可学"的理解、教书的方式和育人的目标都在发生变化，科学史同时也是一部教育史。最终，"科学"成为现代学生手中教科书上的那些白纸黑字的数据和定律，本书即将考察而这一切的来龙去脉。

鉴于这本书既非教材亦非学术专著，在论证和引述上，我将尽可能简化，论述的严谨性和全面性或许要打些折扣。我将在每章最后附上容易找到的推荐读物，以供有更高需求的读者进一步探索。另外，也欢迎读者们访问我的个人学术博客——随轩（yilinhut.com）——与我交流，本书的许多内容都改编于博客中已有的文章，我也会根据读者的疑问和质疑随时进行辩解或补充。

延伸阅读

吴国盛:《反思科学》,新世界出版社,2004年。
——吴国盛是我的导师,除了他深入浅出、引人入胜的著作之外,对我影响最大的其实是课堂中耳濡目染的直接交流。显然,我的文章中许多思想都应归功于他,难以逐一注明。

理查德·塔纳斯:《西方思想史》,吴象婴、晏可佳、张广勇译,上海社会科学院出版社,2007年/2011年。
——这是一本很简练但也较全面的西方思想通史,涵盖哲学、科学和宗教,适合一般读者作为通识读物。

第一章

希腊文化
——科学精神的起源

求知是人类的本性。

——亚里士多德

所有的雅典人和侨居在那里的外国人,不管其他的事,只是论谈或探听一些新奇的事。

——《圣经·使徒行传》

希腊人以人生为游戏,以人生一切严肃的事为游戏,以宗教与神明为游戏,以政治与国家为游戏,以哲学与真理为游戏。

——伊波利特·丹纳

1 自然的发现：求知传统的开启

希腊是科学与民主的发祥地，在某种意义上说，也是西方学校起源地。要理解西方文明，以及要理解作为西方文明后果的整个现代世界，我们需要重视希腊文明。

我们说西方科学起源于希腊，或者准确地说，起源于古希腊自然哲学家，从他们开始，一条延续至现代科

古典希腊地区
公元前6世纪中叶的希腊世界

我们所说的古希腊文明主要是指希腊古典时期（约公元前500—前323年）以及稍早的古风时期（约公元前750年起）。除了最后由亚历山大建立的庞大帝国之外，整个希腊文化地区并没有统一的政权和明确的疆界，各城邦和殖民地相对独立。除了位于巴尔干半岛南部的现代希腊地区之外，古希腊文化的影响范围还包括地中海沿岸，特别是小亚细亚地区（今土耳其）和意大利南部。最早的自然哲学家米利都学派就来自小亚细亚，而毕达哥拉斯学派则来自意大利南部。

泰勒斯

泰勒斯（约前624—约前546年）

米利都的泰勒斯是西方历史上第一个名著于史的哲学家，希腊七贤之一，据说他曾游学埃及，预测过公元前585年发生的一次著名日食（并不可信）。按照亚里士多德的引述，泰勒斯提出了"万物源于水"的命题，这被认为是自然哲学的发端，自此，哲学家们试图寻找万物的生长变化的自然原因；也就是说，事物变化的原则在事物之内，而不在于神意等外在于事物的力量。后来，米利都学派的阿那克西曼德和阿那克西美尼等人分别提出万物本原为"无限定"、"气"等，而出生于临近小亚细亚的萨摩斯岛的毕达哥拉斯则主张"万物皆数"。

学的理性传统开启了。那么，这条独特的新传统究竟有什么与众不同的特色呢？

古代科学史专家劳埃德认为，古希腊自然哲学之所以与众不同的两个重要特点是："自然的发现"与"理性的批判和辩论活动"。[1]

劳埃德所说的"自然的发现"意思是希腊人懂得区分自然与超自然，认识到自然现象是有规则的、受一定的因果关系的支配的，即"把神撇开了"。然而，虽然劳埃德辩称"尽管神学思想在他们的宇宙论中经常出现，但超自然力在他们的解释中并不起作用"，他的解释仍显得模糊不清——究竟什么是"超自然"？这是一个现代的词汇，在许多古希腊哲学家那里，宇宙即是

古希腊哲学家

拉斐尔的名作《雅典学院》，图片中央柏拉图（约前 427 年—前 347 年）手指天空，另一手拿着的是其宇宙论著作《蒂迈欧篇》，而亚里士多德（公元前 384 年—前 322 年）则指向前方，左手中的则是《尼各马可伦理学》。油画表达了这师徒二人不同的哲学旨趣。

柏拉图求学于苏格拉底（约前 469—前 399 年），并以苏格拉底为主角撰写了大部分对话体哲学著作。亚里士多德曾在柏拉图学园求学，在柏拉图死后离开学园，创立了吕克昂学园。这师徒三人被公认为西方哲学的奠基者，他们提出和争辩的问题影响了整个西方思想史，甚至 20 世纪的哲学家怀特海宣称，整部西方哲学史就是在给柏拉图作注脚。

神，他们从没有在自然力与神力之间作出明确区分。

柯林武德认为，希腊哲学家所确立的两个观点是任何"自然科学"必不可少的前提：第一是"存在'自然的'事物"；第二是"'自然的'事物组成一个单一的'自然界'"。[2]

在这里，"自然"一词指的是它在古希腊的本义。按照亚里士多德的说法，指的是"自身具有运动源泉的事物的本质"，自然是"运动和变化的根源"。[3]

与劳埃德将"自然的"与"神的"相对应不同，柯林武德将"自然的"与"人工的"相对。"自然"就是

"自己—如此"，自然物在其自身之内具有其运动的原则，而不在于它之外的某个根源——例如神或人力。相反，人工物源自人的设计、制作和推动。

这些"自己如此"的事物组成了一个统一的领域，即"自然界"，这个领域遵循着某些内在的，"不以人的意志为转移"的秩序。

然而，中国古代的老子、庄子，也已指出了自然与人工的区别，更是对自然界的整体性坚信不疑，但为什么科学没有在他们那里诞生？柯林武德点出了古希腊理性精神的特色，但仍不十分明确。

物理学家薛定谔也指出了古希腊自然哲学的两个重要特点，一是相信世界是可知的、可最终被理解的；二是使用将主体置于观察者的孤立地位而将世界"客体化"的视角。[4]

薛定谔的归纳是对前两位哲学家的有益补充：劳埃德强调自然与超自然相对，柯林武德强调秩序的"单一"，所表达的真正意思正是说"自然是可理解的"。另外，将自然与人工相区别，正是"客体化"视角的表现之一，尽管这一视角事实上要到近代才取得支配地位。

老子、庄子虽然也相信"道"的存在及其唯一性，但在他们那里，"道"是不可言说、不可捉摸的。而在古希腊，哲学家们却坚信"道"是可知的——这就是古希腊哲学与其他古老哲学之间的重要区别。

在《物理学》中,亚里士多德在分析"本原"的数目时,说道:"(本原)不能为数无限,若是无限的,存在就会是不可知的。"[5]——亚里士多德以"存在不能是不可知的"来反驳本原无限的主张,但是,为什么存在一定是可知的?亚里士多德并没有进行详细的论证。事实上,"可知"与其说是亚里士多德哲学体系的一条推论,不如说是他之所以投身哲学思辨的初始信念。

柏拉图(约前427—前347年)在《蒂迈欧篇》的末尾也提到:宇宙自己成了一个可见的生命体,"……它

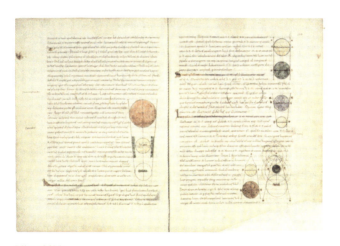

《蒂迈欧篇》
图为《蒂迈欧篇》在 16 世纪的拉丁语抄本。

《蒂迈欧篇》是柏拉图晚期作品,其中苏格拉底不再是言谈的主角,全书主要记录了一位毕达哥拉斯主义者讲述的创世故事:一位巨匠(demiurge)把理念压印在质料之上而创造了宇宙。书中提出四种基本元素分别由四种正立方体构成:土是正六面体,水是正二十面体,气是正八面体,火是正四面体,而第五种元素(以太)对应于正十二面体。另外,著名的亚特兰蒂斯大陆的传说也出自这本书。在整个中世纪欧洲,人们几乎只是通过这一本书理解柏拉图的学说,在文艺复兴乃至科学革命时期,这部著作仍然影响深远。

是可见的神。"[6] 在这里,"可见"就是"可理解",柏拉图赞叹这个世界是:"可理解的上帝,至大至善、至正至美。"[7]

对自然的认知不仅是合法的,而且是至善的,也就是说,知识本身就是好的。为了什么而做科学研究?为了什么而去探索自然?对于现代人而言,科学的目的是带来实用的技术,改善人类的物质生活;探索自然则是为了征服自然,从自然中获得资源。这些,看似目的鲜明,实际上则迷失了方向。

相比之下古希腊的科学研究看起来是没有"目的"的,或者说认知本身就是目的。亚里士多德说道:"显然,我们不以任何其他利益而找寻智慧;只因人本自由,为自己的生存而生存,不为别人的生存而生存,所以我们认取哲学为唯一的自由学术而深加探索,这正是为学术自身而成立的唯一学术。"[8] ——"求知是人类的本性。"[9]

这种没有"追求"的追求,恰恰是最为崇高的。亚里士多德说道:"凡能得知每一事物所必至的终极者,这些学术必然优于那些次级学术;这终极目的,个别而论就是一事物的'本善',一般而论,就是全宇宙的'至善'。上述各项均当归于同一学术;这必是一门研究原理与原因的学术;所谓'善'亦即'终极'本为诸因之一。"[10]

柏拉图也说道:"我们应该在万物中追溯这神圣的

原因，为的是我们的本性所要求的幸福生活。"[11]

也就是说，古希腊人发现了这样一个"自行其是"的"自然"领域，并且把对这个领域的认知看作是一项合法的而且崇高的（至善的）事业。知识在双重意义上是自由的：知识会是自然而然地呈现自己，而求知是发自本性的纯粹追求。

事实上，科学（science）一词从词源上就与知识（episteme）相关。从希腊开始的科学的传统，其实就是为知识而知识的求知传统。

2 实践知识：科学与技术的对立

知识可求，但可学吗？前文说到，希腊人在爱智者与智者之间作出了区分，也就是说，追求知识与兜售知识是两码事。

也就是说，在希腊哲学家看来，知识是某种可以追求但不可以传授的东西。这倒不难理解：你爱一个人，会去追求她，亲近她，捍卫她，但并不会占有她乃至拿她来营利，而可以被占有和卖出的不是爱人，而是奴隶。通过这样的类比，我们就能够体会以智慧的爱慕者自居的希腊哲学家为何会如此怒斥教师们对智慧的亵渎了。

但如果说知识是不能被传授的，那么追求知识又如何可能呢？这种可求而不可学的东西究竟是什么呢？

第一章 希腊文化——科学精神的起源

知识

人格化的知识（Episteme）像，位于土耳其以弗所的塞尔苏斯图书馆。

epi-steme 从希腊词源上说是"越过一站立（overstand）"的意思，其意向似乎与英语中的 understand 类似——此处的 under 在古英语中是"在中间"的意思：立于事物之间，表示熟知、理解、精通等意思。现代英语中"认识论（epistemology）"一词沿用了这个古希腊词语。

在现代人看来，所谓知识大约就是那些教科书上印着的命题和陈述：水的沸点是100度，三角形内角和是180度……如果说知识无非就是这些白纸黑字的语句，那么它显然是可教可学的嘛。但在古希腊,他们心目中的知识和教育都有着完全不同的形态。

亚里士多德把"知识"分为三类:理论知识、实践知识和创制的知识。理论知识是对事物本性的洞察,创制的知识包括艺术、技术的创作和制造的技能,而实践知识包括伦理学、政治学,指的是如何选取恰当手段从而达成善的智慧。

举例来说,何为"美"属于理论知识,如何制作一支笛子属于创制知识,而如何恰当地选择并运用笛子吹出美妙的乐曲,这就属于实践知识了。

而制造活动又可以分为两种,一是创造,二是模仿。模仿者不需要真正的知识,只需要照搬创造者的方法,复制出一模一样的产品即可,他不仅不需要知道怎样的旋律是美妙的,甚至不需要知道他的产品是用来做什么的,依照图纸机械地照葫芦画瓢即可。

柏拉图和亚里士多德都将模仿者置于最底端,而模仿恰恰是可学习、可传授的。我们日常说"学"一词时,例如"说学逗唱",经常就是指模仿的意思。

所谓"理论",不能按照现代人的观念把它理解为某种白纸黑字的客观规则——如果是这样的话,它们就是可以被模仿、复制的。"理论(theoria)"按词源来说是"静观、凝视"的意思,理论知识是"看到的"而不是学到的。

在柏拉图看来,想当医生的人应该找医生学习,想做鞋匠的人可以找鞋匠学习，但想要智慧和美德的人不应该找那些自诩为"美德教师"的智者学习。智者们传授的只是诡辩的技术，而知识不可能像技艺那样传授。在《美诺篇》中，柏拉图解释了知识为何不可传授，这就是著名的"回忆说"：知识不是学来的，而是回忆而得。柏拉图问道：追寻知识的人如何知道他求到的真的是知识呢？如果他已经知道什么是真知识，那么他就不用学了；如果他根本不知道什么是真知识，那么他也没法学了。

我们已经说过，希腊人心目中的知识是自由的，知识自我显示，而不依赖于他人或权威，求知欲发自本性，而不在于是否实现其他功利目标。因此，无论一个教师有多大的权威，都无法把知识灌输给学生。

柏拉图认为，所谓获得知识，其实是回忆起灵魂前世早已知道的东西，而教授知识的人并不像手艺人那样传授模仿的技能，而是启发、引导、唤醒学习者自己的回忆。

说到这里，我们可以理解所谓"教育"（education），就词源（educe）而言是引导、唤出的意思，而与传授、训练相区别。

柏拉图为了证明知识是可以被"唤醒"的，拉来了一个未受过教育的奴隶小孩，经过一系列的循循善诱，柏拉图"诱导"这个童奴得出了以一个正方形的对角线为边的正方形是原正方形的两倍这一认识。

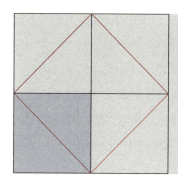

美诺篇正方形

图为《美诺篇》中苏格拉底为引导童奴发现"以一个正方形的对角线为边的正方形是原来的两倍"这一结论的示意。

    显然,"以一个正方形的对角线为边的正方形是原正方形的两倍"这句话本身也并不是知识,如果是的话,柏拉图只要教会童奴复述这句话就行了。而柏拉图用于诱导、启发的一系列作图、演绎的过程,也并不就是童奴最终被唤醒的知识,而是属于另一维度上的"实践知识",即如何选取明智的手段让真理得到展示。关键不在于启发的手段,而在于最终展示出来的某种几何学的真理,这种被静观默会的真理既不是柏拉图的循循善诱的演绎,也不是童奴口头上的复述,而是童奴发自内心地自己认识到的东西。

    柏拉图诱导童奴的故事有时被误用来阐发真理的普遍性,在现代人心目中,数学是一种普遍知识,按照同一套机械的规则,所有人都可以作出一致的演绎。但在希腊人那里,这套演绎过程本身仅仅是真理的"演示手法",而非真理本身,而真理本身是不可复制和传递的,必须由独立的个体发自内心的直观体验(回忆)而获得的。

解题过程中所操作的那些图形，并不属于最高的理念世界，仅仅是一些教学媒介罢了——无论是用墨水或沙盘实际地演示，还是在想象中推演，作图之"作"并不具有最高的"理论"意义。恰当地进行演绎属于实践知识的范畴，同时，几何学之"作"也不属于"制作"的领域，几何学的目的并不是研究如何"作"，而是通过恰当地"作"来展示那些早已潜在地被人们所知，只是被人们遗忘的知识。通过如此这般的"作"法——通过机械式的、严丝合缝的步骤所演绎或证明出来某种东西，人们最终唤醒了对这种东西的潜在的理解，这种被揭示的东西——本身只能被直观而无法被言传的东西，才是几何学传授的目的。

也就是说，现代人所理解的"数学"，大概只是柏拉图心目中的"教育学"，位于理论与制造之间。而到了现代，这一中间环节的断裂造成了理念与器具疆界的混淆。如果不再能够根据目的来权衡器具的运用，那么运用器具的知识就只能服从于器具本身的逻辑，即不停运转、提升效率。而如果理念不再是由器具的揭示活动所最终呈现的东西，那么可能的情况要么是理念无处不在，器具运转过程中的任何一个步骤都是理念的存在；要么就是理念无处存在，任何机械运动的作品都不再是理念本身。这就是为什么现代人既是效率主义（长于运用工具），又是虚无主义（迷失了目的）；既是理性主义（自然的数学化），又是怀疑主义（真理不再向人呈现）。

这些都是后话了。在古希腊，我们看到，有两种传统被对立起来了，大约可以称作科学与技术的这两种活动，前者是不可学的、理论的（静观的）、自然的（关注内在性的）；而后者是可学的、制造的（模仿的）、机械的（指向外在目的的）。

3 从体育馆到学园：科学成为人文

之前的讨论主要集中于柏拉图和亚里士多德，虽然他们是希腊思想的集大成者，但毕竟只代表一家之言。下面再从希腊社会的角度谈一谈科学兴起的背景。

柏拉图在阿卡德米建立了学园，亚里士多德又在吕克昂建立了他的学派，其他许多学派也建立了各自的讲学据点。学园算得上是高等学府或科学院的雏形，柏拉图学园的讲学传统一直延续了900年，对西方历史有着深远的影响。

但这些学府并非凭空搭建起来，它们大多是在大型体育馆的基础上建立的，这些体育馆或者说健身学校在古希腊司空见惯，几乎每一个希腊公民都以体育训练为日常活动。体育馆与广场、神庙、剧院一道，成为古希腊人日常交流的公共空间。希腊人在这些地方谈天说

柏拉图学园

柏拉图学园（来自庞贝古城的马赛克壁画）。

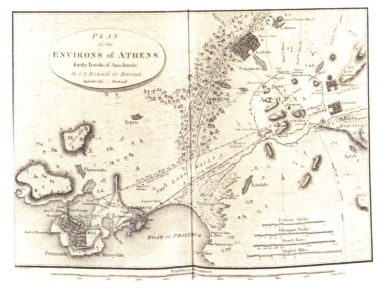

雅典周边地图

柏拉图学园所在的阿卡德米（Academy）位于城区北部，吕克昂（Lycaum）则在东部。

希腊体育馆

图为庞贝古城的体育馆遗址。

gymnasium（体育馆/健身房）一词源自希腊词 gymnós，本义为"裸体的"，古希腊的体育训练和比赛都是全裸进行的。

地，经常自发地展开演讲或论辩，这也正是滋生出民主氛围和自由气质的土壤。

不同于广场、剧院的是，体育馆本身就是某种对青年进行训练、培训的机构，有着现成的"生源"和教育习惯。于是智者们首先打进这些机构，在休息室向青年们鼓吹自己的学说，而青年们也乐于在锻炼的间歇参与这些智力游戏。后来苏格拉底（前469—前399年）、柏拉图，还包括第欧根尼（约前404—前323年）等犬儒学派，也都选择在体育馆进行讲授。

我们现代人的学校里，体育课成了科学教学之外的一个附带的消遣，而在古希腊，情况正好倒过来，"科学"最初只是体育学校中附带的消遣。事实上现在的学校（school）一词在古希腊就是闲暇、空余时间的意思。直到柏拉图之后，随着学园模式的日渐推广，也随着崇尚体育的希腊古典时代渐渐落幕,科学才逐渐取代了体育的地位。

很少有哪个民族像希腊人那样看重体育,不理解体育文化就很难理解希腊人的性格。希腊人勤于锻炼并不只是为了强身健体、保家卫国。希腊人是一个热爱游戏、热衷竞技的民族。赛马、赛船、赛跑、摔角、跳舞比赛、演讲比赛、辩论赛等等都为他们所好,希腊人的生活世界充满了各色各样的竞赛。

当然其中最重要和最普及的就是以奥林匹克运动会为代表的各种体育竞赛了,奥林匹克运动会甚至成了希腊人纪年的参照物(例如第30届奥运会的第三年),对于由许多文化各异的城邦组成的希腊文化而言,只有体

奥林匹克

这份纸莎草纸记录了第75到78届和第81到83届奥运会的冠军名单,包括跑步、摔跤、拳击、骑马等十三个项目。

和现代奥运会一样,古希腊不仅已有了职业的运动员,而且也有了职业的教练员和体育"经纪人"。奥运会本身没有奖金,但获胜的运动员能够得到来自城邦或其赞助者的丰厚奖赏,除了体育竞技以外,运动会期间经常还会举办演讲、诗歌和戏剧等比赛。

育竞赛才能把整个民族的热情凝聚在一起。在奥运会期间各城邦会自发停战，这并不是因为奥运会象征着和平之类的原因，而只是因为希腊人不愿错过这一最高的竞技会。事实上希腊人的战争常常不是为了攻城略地，而是和竞技比赛一样，是为了追逐荣耀的。因此奴隶是不能上战场的，战争的荣耀只有自由民才配享有。奥运会所代表的不是和平，而是更高的争斗。

可以说，这种在奥运会中集中体现的，爱玩、好斗、争胜的男孩般的性格才是希腊人的文化精神。希腊人所谓的"德性"就是"卓越"的意思，因此智慧、勇敢、公正、节制都属于德性的范畴。古希腊人所追求的"卓越"单纯而简单，就是如荷马所唱的"总是争先，超过别人"；"没有什么荣耀能超过一个活着的人用自己的双手双脚获得胜利。"

可以想象，游戏精神正是希腊自由精神的源泉。首先，游戏者不求功利，而在游戏中获得内在的快乐；其次，游戏者尊重公平的规则，因为如果是依赖额外的权力击败了弱小的对手，是不能获得胜利的喜悦和强者的荣誉的，只有在公平的环境下击败了同样强大的对手，才能显示出自己的卓越来。

演讲和辩论也是竞赛的一种形式，而倚靠权威并不能展现自己的卓越，只有自己摆出有理有据的论证才能让对手心悦诚服，这就是为什么希腊人如此重视理性和逻辑的原因之一吧。

科学和民主都诞生于这个体育文化的土壤之中，虽然崇尚沉思静观的科学也逐渐远离了活泼好斗的风格，但竞技的精神从没有完全消失。现代的科学家们也会热衷于与同行竞赛，也会为了优先权的荣耀而你争我夺。与其把科学家的形象想象成与世无争的孤高老人，不如把他们看作好奇又好斗的大男孩（不要怪我轻视女性，事实上古希腊到现代整个科学传统的主线的确是男性主导的，女性主义的科学模式还尚待开拓）。与希腊体校的传统一脉相承的还有：学园的传统也并非为了培养实用的谋生技能，而只是为了追求卓越或者玩一玩智力游戏。

体校到学校的转变暗示了一种新文化的发端。从此以后，公民教育的主要内容从体质的训练变成了才智的开发。教育的目的从身体的健美变成了让灵魂健全。

除了基本的文法、修辞以外，灵魂修炼的基础科目就是"数学"，到了最高阶段才能接触哲学。在古希腊，数学包含四个科目：算术（数论）、几何、天文、音乐（和声）。这大概是真正意义上的"分科之学"了。

传说柏拉图学园门口立着标牌"不通几何者不得入内"，无论这传说是真是假，足以反映希腊学者们对数学的重视程度了。但希腊人对数学的重视完全不同于现代人"学好数理化，走遍天下都不怕"的理由。在现代人看来，数学是一项最基本的工具，无论搞什么具体的研究都需要运用数学工具。但在古希腊，数学没有那么

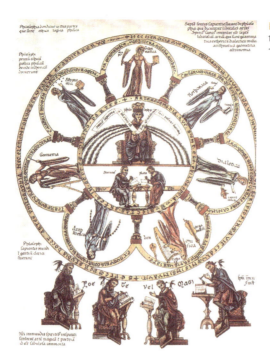

自由七艺
12世纪插画中的"自由七艺"

高的实用性,而且希腊学者看重的恰恰是数学的非实用性。传说欧几里得(约前330年—前275年)的一个学生问他学数学有什么用,欧几里得立刻掏了三个铜板给他:你得到好处了,滚蛋吧。无论这个传说是真是假,也只有希腊人那里才会出现这样的传说。希腊人把无用的知识与实用的技能区分开来,并且以无用为荣以有用为耻——这一传统在现代的数学家中仍然有所保留。

吴国盛教授把数学课比作希腊人的"德育课",数学教育的目的并不在于让学生掌握某项技能,而是引导他们领略到自由的可贵和真理的魅力。数学教育并不灌输任何似是而非的教条,而是向学生展示自明的、永恒的东西,从而激励学生相信自己的理性力量,去向往不朽的真理。只有把双眼从功利的现实世界移开,转向纯粹的理念世界,才可能成为"一个高尚的人,一个纯粹的人,一个脱离了低级趣味的人"。

希腊的科学教育传统延续了下来,在中世纪,数学四科与文法、修辞、逻辑并称"自由七艺",成为基础文化教育的必修课。

自此,我们可以说,科学成了西方的"人文"。所谓人文指的无非是修养和教化,人文关系到两个概念,一是关于"人"的理想,二是培育这种理想人性的教化方式。希腊人理想中的人性是自由,而教化方式即科学。

4 从柏拉图到托勒密:数学走向实用

写到这里,有些读者可能不太满意,因为我只是从外围谈论了一些关于概念或社会层面上的问题,而没有涉及多少具体的"内容"。当然,这首先是由本书的视角所决定的,我们关心的是科学精神或科学文化,以及整个科学传统在西方历史和现代世界中的地位,而并不试图讲述具体的学科发展史。不过,适当引入一些具体的案例也是有必要的,下面我们就谈一谈希

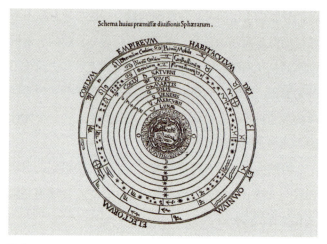

天球

文艺复兴时期的天球示意图。地球之外分别为月球天球、水星天球、金星天球、太阳天球、火星天球、木星天球、土星天球这七层行星天球,恒星则全都镶嵌在第八层(算上地球则为第九层)天球之上,再外面则是基督教新增的水晶天和原动天,为神的居所和宇宙动力之来源。

腊天文学。

前文提到,希腊天文学属于数学的科目之一,其旨趣不在于解决任何功利的需求,而在于认识永恒的真理。希腊人相信天界(月上界)与地界(月下界)截然二分,地界是变化的、有朽的,而天界是不变的、永恒的。天上的恒星镶嵌在浑圆的天球上匀速旋转,无始无终。

但这不变的星空中却有几个不安分的行星,希腊人称之为漫游者,它们的运动不完全与"恒星天球"保持同步,甚至还时而"逆行"。当然,我们现在知道,恒星天球的匀速旋转是因为地球的自转，而行星是太阳系中的近邻。不过希腊人需要对行星的运动进行解释。

柏拉图相信，这些行星只是在表面上不守规矩，事实上仍然符合某种更复杂的规律，天文学家的使命就要找出这些规律以挽救天界的永恒性，这一任务被称作"拯救现象"。

希腊天文学的旨趣无疑是极其独特的。例如中国的天文学更注重天象的观测和记录，虽然也注意行星的运动乃至进行预测，但其旨趣是农业和占卜。中国人相信天人感应，天界当然是有变化的，但天界的变化兆示着地界的变化，特别是与帝王将相的命运息息相关，因此天象观测在中国古代成了一项政治任务，中国古代关于彗星、新星的记录也是最丰富的。而相反，希腊人认为彗星和流星都是大气现象，而新星和

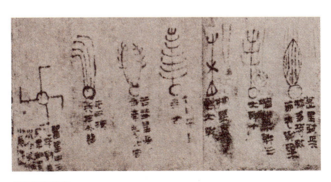

天文气象杂占

马王堆汉墓出土的帛书《天文气象杂占》，其中描绘了彗星的各种形象和解说，在中国，星象的记录和预测活动一直与占卜活动紧密相关，而在西方，虽然占星术也有悠久的传统，如托勒密等天文学家亦有占星学著作传世，但在学术传统上相对独立。

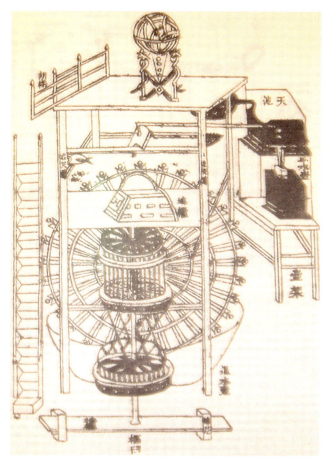

水运仪象台

南宋苏颂于1090年重制的水运仪象台,包括天文观察、天象演示、自动报时等功能。

由于天文异象关乎国运,因此天文学家世代隶属官方,除了记录和预测天象之外,更需要负责指点皇帝在恰当时机进行各种祈禳仪式。例如日食之时,皇帝必须作自我检讨,因此对日食的准确预测成为一种迫切需求,这也是为什么汤若望等西方传教士能够进入皇家机构。顺便说一句,虽然已在哥白尼革命之后,但汤若望等带到中国的仍然是经久耐用的托勒密体系,另一方面,中国明朝时设立回回司天监,引入了阿拉伯世界的天文技术,实质上也是托勒密体系,只不过在中国被完全算术化了。清朝中国的本土天文学家输给汤若望,实在是技不如人(因为中国天文官员只准皇家世袭不准民间研究,因而很可能故步自封,不思进取),而不是在科学理论方面有巨大的差距。

超新星现象则完全被视而不见了。希腊天文学主要是"行星天文学"。

为了"拯救现象",柏拉图的学生欧多克斯(前408—前355年)首先提出了"同心球模型",他提出行星先是在一个球上匀速旋转,而这个球又以某个角度跟随着另一个球旋转,以此类推。这样,几个不同方向的旋转叠加起来,就模拟出了行星看上去不规则的运动模式。

但欧多克斯的模型有两个问题,首先是它不能解释行星的亮度变化——而希腊人已经相信行星亮度的变化是由于它们与地球的距离变化造成的;其次是它只能给出一个大致上的定性解释,但在定量预测上并不足够精确。

阿波罗尼(约前262—约前190年)在公元前200年前后发明了另一套"偏心圆"和"本轮—均轮"模型。在"偏心圆"模型中,行星围绕地球作匀速圆周运动,但圆周的中心不在地球,而是偏向一边,阿波罗尼用这一模型解释了一年四季并不等长这一事实。

阿波罗尼还注意到上述偏心圆模型可以用另一个几何模型来取代,这便是"本轮—均轮"模型。即设想行星在一个小圆(本轮)上运动。而这个圆的圆心则在以地球为中心的大圆(均轮)上运动。

在阿波罗尼那里,偏心圆模型是本轮—均轮模型的一个特例(当本轮与均轮转动的角速度相等时,便可以

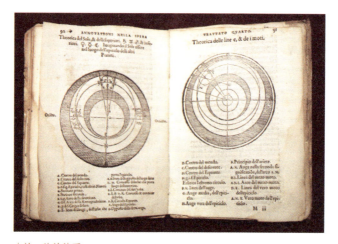

本轮—均轮体系
出版于1550年的书籍中对托勒密模型的示意。

表现出偏心圆模型的效果）。而人们很快发现，将这两项工具相结合，便有可能描述更复杂的行星运动。

托勒密（约公元150年）生活和工作在希腊化晚期，罗马统治下的亚历山大城。虽然在政治上早已属于罗马帝国，但是就科学传统和文化环境而言，这里仍然是希腊文化的延续。因此托勒密称得上是希腊天文学的总结者，但也在许多方面背离了希腊古典科学的精神。

托勒密继承了阿波罗尼的"偏心圆"和"本轮—均轮"，并添加了"均衡点"（equant point，又译偏心匀速点）这一数学工具。他假定本轮并非围绕着均轮的中心做匀速圆周运动，而是围绕着另一个"均衡点"做匀角速度运动。

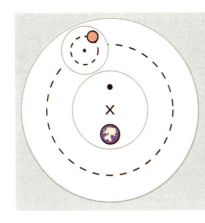

托勒密体系

本轮—均轮、偏心圆和均衡点示意图:地球偏离均轮的中心,行星围绕本轮转动,而本轮的中心围绕均轮转动,但转动并非匀速,而是在"均衡点"(不同于地球和均轮中心的另一点)处看来才是匀速转动,亦即本轮围绕均衡点进行匀角速度转动。

再加上托勒密引入了球面三角学、巴比伦的黄道坐标系和沿用至今的度分秒角制制,使得他的行星模型达到了空前的精确度,不仅可以定性地解释行星现象,更可以进行精确的预测。他的著作被阿拉伯人奉为《至大论》。

前文我们提到,在希腊人那里,数学并不被看作实

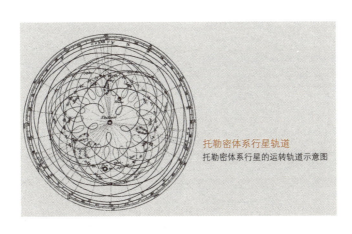

托勒密体系行星轨道
托勒密体系行星的运转轨道示意图

用的计算工具,而是一种通向永恒真理的灵魂修炼。但是在这里,托勒密的确引入了一个"数学工具"。托勒密的策略已经背离了柏拉图拯救现象的要求,不仅破坏了完美的匀速圆周运动,也颠覆了数学的地位。在托勒密天文学中,数学更多地屈从于实际观测的要求,在托勒密看来,这些复杂的数学模型只是虚构的工具,绝非更纯粹的真理了。以至于托勒密的"均衡点"被16世纪的哥白尼指为"一个自鸣得意之物",哥白尼要改革托勒密体系的动机恰恰是要恢复柏拉图的精神,哥白尼认为"均衡点"的取消是日心说最大的优点之一。

正如科学史家林德伯格所说:"精确、定量的预见这一概念在那时绝不可能进入希腊天文学或其他任何科学领域;人们满足于理论和观察之间粗略的、定性的一致。"[12]

柏拉图可以满足于欧多克斯式的粗糙的定性解释,

哥白尼体系

哥白尼《天球运行论》提供的宇宙体系,太阳位于中心,月球围绕地球旋转。哥白尼仍然保留了希腊人的"水晶天球",即行星是镶嵌在天球之上旋转的。同时,哥白尼只取消了托勒密的"均衡点",但仍然保留偏心圆和本轮—均轮模型,因而其天文学体系仍然颇为繁琐。

是因为在他看来理想世界和现实世界本来就存在着鸿沟，现实世界是对理想世界的一个"摹仿"，只能在定性关系上符合理性的原则，但在定量的细节上注定不可能完美无缺。直到今天，数学家们关心的也是定性的关系，而非定量的测算，数学家们仍然不关心π具体等于3.14还是3.41，他们只关心π是一个"常数"。在数学家的运算中π往往会直接保留在结果里，而只有工匠才会实际把π计算出来。

希腊化时期的科学家不再像毕达哥拉斯那样纠结于无理数的合理性，而是毫不犹豫地使用它们，因此球面三角学、对数表等实用的数学工具才得以发展。正如数

安蒂基西拉机器

图为1900年在安蒂基西拉岛附近的古罗马沉船中发现的希腊化时期（公元前100年左右）的奇妙机器，研究者终于在2006年完全破译了它（下图为复原重制的模型）。它能够预测日食和月食以及任何一天中太阳和月亮在黄道中的位置，可以推算多种阳历和阴历的周期，希腊化时期的机械技术和天文学成就之高可见一斑。

学史家M.克莱因所言:"亚历山大的数学家同哲学断了交,同工程结了缘。"[13]

从预测天象的精确度而言,托勒密比起柏拉图当然是取得了巨大的进步,但就科学的教育内涵而言,却又失去了某些东西。我们注意到,柏拉图与托勒密在不同的维度上衡量数学的意义,而现代人也将有自己的标准。科学的发展很难说有什么绝对的进步,任何进步都是在某一特定的标尺下而言的。

无论是雅典还是亚历山大,都难逃衰微的命运。在黑暗的中世纪中,希腊科学的香火在阿拉伯世界得以保存,直到近代欧洲才真正开花结果。希腊人的贡献被欧洲人重新整合,而数学和教育的意义也将发生新的变迁,容后再叙。

余论:亚里士多德的触觉世界

以上我们较多地引用柏拉图的思想,不过需要注意的是,任何一个思想家都不足以代表一个时代的全貌,我们所讨论的只是那些对后世影响巨大的最典型的观念,但我们总可能找到相反的观点。

例如柏拉图的学生,亚里士多德就是一个重要的反对者,他以"吾爱吾师,吾更爱真理"的名义,在许多问题上都对柏拉图提出了严厉的批评。

当然,就自由、求知等学术精神来说,亚里士多德与柏拉图是一致的,但就何谓求知,何谓真理等问题而言,亚里士多德有着不同的见解。

我无意在此处引入复杂的哲学争论,只是简略地提一点独特之处。

有人会简单地把柏拉图归入理性主义,而把亚里士多德归为经验主义。这种区分有一定道理,但并不能充分把握两人的旨趣。我们说到,柏拉图的真理是通过静观"看"出来的,柏拉图所谓的"理念",同时也是"外观"或"型相"的意思,理念世界在某种意义上就

亚里士多德

《亚里士多德画像》意大利画家弗朗西斯科·海耶兹（1791—1882）绘。

是直观的世界。而在亚里士多德那里，视觉的地位要低了一些，触觉成为最基本的感觉。

现代科学是柏拉图主义复兴的结果，在现代科学的世界图景中，世界失去了深度和内涵，变成了纯粹的外观，世界真正变成了一幅"图景"，"世界观"这一概念变得理所当然。在这种境遇下，现代人更难理解亚里士多德的旨趣，难以体会他的"世界感触"。

正如视觉之于现代自然哲学，在亚里士多德的自然哲学中，触觉的主导地位无处不在。在本体论、认识论、物理学的各个问题中，亚里士多德都自觉或不自觉地以触觉作为中心。在亚里士多德那里，可感世界就是可触世界。亚里士多德这样说：

> 既然我们是在寻求感觉物体的本原，既然感觉是可触的意思，而可触又是感官的东西，那么很明显，并非一切对立都构成物体的形式和本原，只有与触觉相关的才如此；因为正是靠了对立，即触觉方面的对立，事物才区分开。所以，白与黑、甜与苦，以及其他任何类似的感觉对立性质都不构成元素。视觉先于触觉，因此，它的对象也在先，但是，它是可触物体的性质并不是作为可触性，而是由于另外的东西，即使它碰巧自然地在先。[14]

也就是说，触觉方面的对立才有资格成为物体的原则。经过进一步的分析，在"热与冷、干与湿、重与轻、硬与软、韧与脆、粗糙与光滑、粗大与细薄"等触觉方面的对立中，亚里士多德找出了最首要的两对基本性质，即热与冷、干与湿，"其中的第一对能动作，第二对能承受"[15]；从这些基本性质之中，"可以推出细薄与粗大、韧与脆、硬与软、以及其他差异"[16]。这样一来，"物质世界的四种元素均可由四种引起触觉的主

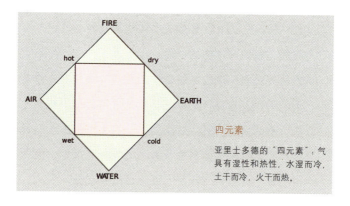

四元素

亚里士多德的"四元素"：气具有湿性和热性，水湿而冷，土干而冷，火干而热。

动的基本性质两两组合而成"[17]。

我们不必进一步讨论亚里士多德的元素学说，在这里值得讨论的是：亚里士多德为什么非要以触觉性质为原则，来构建科学理论？

有的科学史家这样解释："在构建科学理论时，他采取了一种与原子论者截然相反的进路。原子论者的主要目标是仅仅运用那些能够确定量的解释原则：空间中的广延、几何形状、位置、排列、运动，而亚里士多德则希望建立一种质的物理科学。于是，属性的质料承载者成了解释原则。"[18]

当然，从结果上看，的确是诸如广延、位置、运动等更容易被量化，而干湿、冷热的量度是不容易确定的。但这并不是亚里士多德的意图所在。事实上，当亚里士多德把干与湿之类认定为基本性质时，绝没有以为它们是不能量化的。

他提到："所有的人都把那种在感觉上不可减少的最初的东西当作尺度，或是湿和干的尺度，或是轻重和大小的尺度，人们认为只有通过这种尺度，才认识到这些东西的数量。运动以单纯运动，以最快的速度为尺度……"[19] 可见，在亚里士多德那里，干与湿当然也可以成为，也应当成为一种基本的量度。

不过毕竟这些触觉量度比起对广延和位置的测量而言，是远远不够精确的了——我们当然会理所当然地这么认为，然而在亚里士多德那里，他所选择的恰恰是对人而言最为精确的一种量度了。亚里士多德明确地说："……而人类的触觉恰具有最高的精度。人类于其他感觉远逊于别的动物，可是，于触觉这种官能，他却比其他诸种属为敏感。这就是人在动物界中所以是最善于思虑的缘由。"[20]

亚里士多德把触觉置于经验的中心有着多重的理由。除了如上述引文中所提示的，亚里士多德相信触觉的能力与思想的能力是相对应的[21]，还有一些更深刻的理由。

首先，既然要追求一种普遍性的一般知识，而一切知识又来源于感觉经验,那么,理应通过一种最为普遍和最为基本的感觉出发来解释知识的普遍性和一般性吧?那么哪一种感觉是最普遍和最基本的呢?显然,当属触觉无疑。

亚里士多德说道:"感觉诸功能的首要为触觉,这是所有动物统都具备的。恰如营养功能可以离立于所有感觉,包括触觉,而自在,触觉也可以离立于其他诸感觉而自在。"[22] "如果没有触觉,其他诸感觉不能存在,但在没有任何其它诸感觉时,触觉是能独自存在的。"[23]

无论其他感觉是否可能脱离触觉而存在,但这充其量也只是一种抽象的可能性,事实上,触觉确实是最基本和最不可缺少的一种感觉。当代生物学有种说法认为其他感官都是特化的触觉,而从胚胎学来说整个神经系统也与上皮组织同源,这些也算是对亚里士多德的佐证。无论如何,出于对普遍性和一般性的追求,确实有理由以触觉经验作为知识论的出发点。

另外，对触觉的重视也与亚里士多德的实在论或真理观有关。

在亚里士多德看来，"对于个别事物的感觉总是正确的"[24]。他说道："感觉并不是虚假的，至少关于特定的对象不会假。但印象却不同于感觉。"[25]也就是说，作为知识源头的直接感觉并不会错，而谬误源自于对感觉的重新整合的过程，而最基本的整合过程，就是对多种不同的感觉经验进行统合，在这一步中才会发生错误。

亚里士多德说道："感觉到我们当前出现有'白'色，这是不会错乱的，但于发此白色者，究属为何事物，我们的感觉会得错乱。"[26]这正是因为当你要定位白的出处时，你必须调用其他的各种感觉和记忆，在它们之间建立联系，而这种联系就有可能出现混淆和偏差。

于是，要尽可能地追求知识的真实正确，作为知识根基的感觉经验就应当满足以下两点：直接性和独立性。

而唯有触觉（以及作为触觉的变体的味觉）"不须经由任何外物为之间体（介质）"[27]就能发挥作用。其他感觉器官"为之感应，必有赖于它物为之介质，这就须通过间体。但'触觉'直接感应于对事物的'接触'"[28]

同时，触觉中的干湿、冷热等性质，与视觉中的颜色、听觉中的声音一样，都是专属于特定感觉器官的性质，而不需要联合多重感觉器官来确定，因此才是"都可明确而是不会诳惑的"[29]，"但，关于运动，休止，数，形状，大小（度量），这就得有几种感觉共同参与，……例如运动，触觉与视觉两都有感觉。"[30]

到这里，我们了解到，亚里士多德之所以拒绝原子论者们以运动、形状、大小等作为解释原则，并不是出于究竟要建立量的还是质的物理科学的考虑。而是由于那些东西作为感觉经验而言远远不够单纯和基本。它们是一些复合的感觉，而复合就意味着它们是不够可靠

德谟克利特

《德谟克利特画像》，亨德里克·特尔·布吕根（1588—1629）绘。

德谟克利特及其老师留基波是古希腊原子论的代表，原子论者主张世界是原子与虚空构成的，虚空不是物质，而是一种单纯的空间，形态各异的、不可分割的、永恒的原子在空间中的运动和碰撞形成了各种经验现象。这种空间观和物质观是相当超前的，但在古希腊绝非主流，特别是虚空的概念因其逻辑上的困难而备受批判。

的，是可能出错的。因而绝不适宜于作为一个精确而可靠的知识体系的基础。

触觉的中心地位不仅左右着亚里士多德的实在论和经验论，也在亚里士多德关于因果性的理解中扮演着不可忽视的角色。我们注意到，在现代科学的"世界图景"中,"因果性"再也"看不见"了。然而在亚里士多德的触觉世界中,因果性从来就不是通过"看",而是通过触觉来真切地感受到的。另外,在亚里士多德的物理学中,为何如此执著于"直接接触"的"推动",为什么会如此强调推动与被推的不对称关系,现在都容易理解了。我们还将在第四章回到这一话题。

延伸阅读

G·E·R·劳埃德：《早期希腊科学》，孙小淳译，上海科学教育出版社，2004年。

——希腊古典时代科学史的一本简明的入门读物，作者的许多观点值得商榷。劳埃德更新的两本书：《认识方式》和《古代世界的现代思考》也都有中译本问世，可以看出劳埃德的思想似乎变得更深入了，眼界更开阔了。但仅就常识性地了解古希腊科学概貌而言，《早期希腊科学》仍不失为首选。

柯林武德：《自然的观念》，吴国盛译，北京大学出版社，2006年。

——这是一部很好的观念史著作，围绕"自然"这一概念，从古希腊自然哲学讲到现代科学，论述深入浅出，可以作为西方思想史或哲学史的入门读物，也有助于反思自然科学的来龙去脉。

柏拉图：《理想国》，郭斌和、张竹明译，商务印书馆，1986年。

——这部不朽的经典仍然适合现代人直接阅读，柏拉图对话体的戏剧写作方式也让其著作有较强的可读性。一般大众不必把它当作一部有待考证钻研的学术文本来阅读，也不必苛求翻译有多么准确，而只是当作消遣的智力游戏来阅读就能够有所收获了。当然，除了

《理想国》，柏拉图的其他对话，或者亚里士多德的《尼各马可伦理学》等，都可以直接阅读。

S.E.斯通普夫，J.菲泽：《西方哲学史》，匡宏、邓晓芒等译，世界图书出版公司，2009年。
——这部书的特点在于客观、简明。当然，作为哲学著作而言，客观和简明也许是一个缺点，也就是意味着很可能缺乏深刻的洞见和独创性的视角。但作为一部入门导航用的教科书而言，斯通普夫的哲学史是值得推荐的。

依迪丝·汉密尔顿：《希腊精神》，葛海滨译，华夏出版社，2008年。
——虽然这本书早在20世纪30年代写成，但至今仍不失为理解希腊文化的最佳入门读物。作者谈及希腊的哲学、文学、史学、戏剧、宗教等等，从各个方面展示了希腊人的特立独行。

克琳娜·库蕾：《古希腊的交流》，邓丽丹译，广西师范大学出版社，2005年。
——文化的核心要素并不在于具体的思想观点，而是在于人们的生活方式。而生活方式中最重要的一个方面也许是交往方式。无论说人是社会的动物、理性的动物、会说话的动物,都是在说人的"交流"。而古希腊文明最为独特的地方恐怕也正是他们的交流方式:城邦、剧院、运动会。这本小册子提供的内容也许并不足够全面,不过它的确提供了理解古希腊文化的一个独到的切入点。

米歇尔·霍斯金主编:《剑桥插图天文学史》,江晓原、关增建、钮卫星译,山东画报出版社,2003年。
——剑桥插图史系列都很不错,图文并茂,兼具学术性和可读性,这本天文学史也不例外。

托马斯·库恩:《哥白尼革命——西方思想发展中的行星天文学》,吴国盛、张东林、李立译,北京大学出版社,2003年。
——这本书稍微专业一些,但也适合有兴趣的初学者参考阅读。本书第一部分介绍了希腊时期的天文学。

注释

[1] 劳埃德:《早期希腊科学——从泰勒斯到亚里士多德》,孙小淳译,上海科学教育出版社,2004年,第7页。

[2] 柯林武德:《自然的观念》,吴国盛译,北京大学出版社,2006年,第36页。

[3] 亚里士多德:《物理学》,张竹明译,商务印书馆,1982年,200b12。

[4] 参考[奥]埃尔温·薛定谔:《自然与古希腊》,颜锋译,上海科学技术出版社,2002年,第82—84页。

[5] 亚里士多德:《物理学》,189a14。

[6] 柏拉图:《蒂迈欧篇》,谢文郁译注,上海人民出版社,2003年,92C。

[7] 参考劳埃德:《早期希腊科学》,第71页的译句。

[8] 亚里士多德:《形而上学》,吴寿彭译,商务印书馆,1983年,982b26-28。

[9] 亚里士多德:《形而上学》,980a22。

[10] 亚里士多德:《形而上学》,982b8以下。

[11] 柏拉图:《蒂迈欧篇》,69A。

[12] 林德伯格:《西方科学的起源》,王珺等译,中国对外翻译出版公司,2001年,第99页。

[13] 克莱因:《古今数学思想》(第一册),张理京、张锦炎、江泽涵译,上海科学技术出版社,2002年,第118—119页。

[14] 亚里士多德:《论生成与消灭》(采用徐开来译文,见苗力田主编:《亚里士多德全集》,中国人民大学出版社)329b10-330a10。

[15] 亚里士多德:《论生成与消灭》330a10-25。

[16] 亚里士多德：《论生成与消灭》330a35。
[17] 戴克斯特霍伊斯：《世界图景的机械化》，张卜天译，湖南科学技术出版社，2010年，I-26。
[18] 戴克斯特霍伊斯：《世界图景的机械化》，I-20。
[19] 亚里士多德：《形而上学》，（这里采用苗力田译文）1053a10。
[20] 亚里士多德：《论灵魂》（《灵魂论及其他》吴寿彭译，商务印书馆，1999年）421a20。
[21] 亚里士多德：《论灵魂》421a25。
[22] 亚里士多德：《论灵魂》413b5，另见435b17等。
[23] 亚里士多德：《论灵魂》415a5，另见435a15等。
[24] 亚里士多德：《论灵魂》427b11。
[25] 亚里士多德：《形而上学》（采用苗力田译文）1010b。
[26] 亚里士多德：《论灵魂》428b23。
[27] 亚里士多德：《论灵魂》422b7。
[28] 亚里士多德：《论灵魂》435a17。
[29] 亚里士多德：《论灵魂》418a10。
[30] 亚里士多德：《论灵魂》418a20。

第一章 希腊文化——科学精神的起源

第二章

基督教文化
——科学革命的土壤

缺乏分析判断力的人,他可以研习经院哲学,因为这门学问最讲究繁琐辩证。

——弗朗西斯·培根

上帝用数、重和量度创造了万物。

——艾萨克·牛顿

科学没有宗教,是跛足的;宗教没有科学,则是盲目的。

——爱因斯坦

1 大学和经院论辩：中世纪的科学传统

任何古代文明的巅峰时代都难逃日渐衰微的命运，希腊的学术传统又接连遭遇罗马人、基督教、蛮族和阿拉伯人的破坏，香火几近中断。从公元5世纪至15世纪，西方世界进入了漫长的中世纪。在此期间，希腊的科学传统主要由阿拉伯人继承，拜占庭帝国也保存了大量希腊文献，借助这些，科学传统才可能在文艺复兴时期的西欧重获新生。

阿拉伯科学

图为13世纪抄本中描绘的阿拉伯图书馆。

欧洲进入黑暗时代后，伊斯兰世界接过了科学的香火。公元9世纪，哈伦·拉希德之子阿尔·马蒙在巴格达建立"智慧宫"，引入大量希腊书籍和翻译家，并借鉴亚历山大里亚的传统进行了许多科学观测和辩论活动。除了译注希腊经典之外，伊斯兰学者也有许多创造性的贡献，特别是在医学、炼金术、光学、代数学等领域的工作给后来的欧洲人留下了丰富的遗产。到了13、14世纪，随着阿拉伯帝国内忧外患分崩离析，以及宗教保守势力的抬头，伊斯兰科学最终衰微。

第二章 基督教文化——科学革命的土壤

耶稣鱼

耶稣鱼（ΙΧΘΥΣ）是早期基督教传播时使用的暗号，希腊文的"鱼"字恰由"耶稣、基督、神的、儿子、救主"五词的首字母组成。早期基督徒接头时一方会先画出一条弧线，若另一方也为基督徒，则会画出另一条弧线组成鱼形。直到公元313年君士坦丁大帝颁布米兰敕令使基督教合法化之前，基督教一直在地下缓慢地传播发展。

    传统上许多人认为中世纪欧洲是完全黑暗的，中世纪对于现代科学的兴起非但没有贡献，而且是一个拖后腿的角色：文艺复兴后人们是通过不断克服中世纪的迷信和愚昧才缔造了现代科学。但这一观点无疑是片面的。越来越多的科学史家注意到中世纪对现代科学也有着奠基性的贡献，提供了科学革命的某些必要环境。

    当然，中世纪的文化环境是由基督教主宰的，基督教也经常被看作阻碍科学发展的最大敌人，但实情并没有那么简单。

    首先，基督教是一个缓慢崛起的宗教，在兴起后的很长一段时间内都处在社会的边缘，因此有足够的时间与其他文化保持交流和互相妥协。基督教最初正是在希腊文化圈中传播的，新约《圣经》就是由希腊文写成的，而早期接纳基督教的知识阶层也多有希腊学术的背景，因此在基督教兴起之初，就在一定程度上兼容了希腊科学的元素。

在基督教得势之后，的确也对希腊学术进行了一些破坏，但和其他文明中也经常发生的文化破坏相比也并不特别突出，希腊科学的中断主要还是与其自身盛极而衰的自然趋势，以及战火纷乱、蛮族入侵的大环境有关。

在被蛮族清洗后的文化废墟之中，基督教会可算得上是仅存的一点文化火种了。即便是在最黑暗的中世纪前期，希腊的"自由七艺"作为自由民的教育科目仍然被确定并延续了下来，最终成为后来大学教育的基础。

而在中世纪后期，也就是12至15世纪，全面恢复希腊学术的大翻译时代已然展开，而大学的兴起更是中世纪欧洲最独特的贡献之一。

正如格兰特所说："人类经历了无数城市文明的兴衰，但没有一种城市文明产生过欧洲大学那样的东西……它源于西方在12世纪的特殊状况。"[1]

12世纪，随着欧洲城市商业的繁荣，不同行业的人开始自发建立一些社团、协会。成员在行会中得到庇护，而行会能够聚集起松散的力量，对内自律，防止恶性竞争，对外则捍卫和争取自己的权益。行会在教会与王权的夹缝中，在公民社会之内形成一个独立的自治领域,这种传统一直延续到今天的西方民主制中。西方的所谓工会、学生会等结社团体的旨趣并不在于为其成员提供服务,而是在于凝聚力量从而争取全体的权益。

由于行会可以看作整个行业的代表,因此它们又被称作universitas,即全体、整体。而教师和学生组成的行会也许是其中生命力最持久的,因此这个词最终成为这一的教育组织的专名了。

和其他行会一样,欧洲大学从一开始就具有鲜明的自治权,而就教学内容而言,欧洲大学在很大程度上也继承了希腊自由学术的旨趣。

这些大学主要分为四个学院:艺学院、神学院、医学院和法学院。其中艺学院是最为基础的,进入另外三个学院的学生大多会先通过艺学院的学习。大致来说,其他三个学院旨在培养相应领域的专业人才,而艺学院提供的是基本的文化素养的教育。

艺学院教授的主要内容正是"自由七艺",有时也替换成亚里士多德的三种哲学,即自然哲学、道德哲学和形而上学。到了文艺复兴时期逐渐增加了历史、诗歌等科目。但总而言之,艺学院的教育都是"非实用"的。而当时更加贴近社会需求的实践技能的培训从未被包含进来。

格兰特解释说:"中世纪大学的艺学课程之所以被发展起来,并不是为了满足社会的实践需要。它源自12、13世纪的翻译活动所带来的希腊—阿拉伯思想遗

大学

14世纪中叶描绘的大学课堂

产。这份遗产由一批理论著作组成，它们需要就其本身的价值进行研究，而不是出于实用或赚钱的目的。以亚里士多德为代表并被波埃修等人加强的古代传统非常强调对学术的热爱，强调为知识本身而获得知识。为了赚钱或实用而学习是为它所不齿的。中世纪社会的教师和学生对此都表示赞同，这也相应地决定了中世纪大学的特点。"[2]

大学的教学方式最初以评注经典著作（主要是亚里士多德）为主，而在13世纪末，"经院论辩"的形式成为主流。这种论辩首先由教师提出一个"疑问"，其他

经院论辩

图为中世纪抄本中描绘的巴黎大学答辩情景。获得博士学位的学生需要亲自主持一场论辩，回应正反各方的辩难并作出裁定。

参与者分为正反两方进行公开辩论。可以想象，对于问题答案的最终裁定并不是最引人注目的，激烈的论辩过程才是这种教学模式中最富魅力的部分。疑问可以涉及任何方面，包括那些与权威的神学解释相冲突的说法都可以被引入争辩。也许在最后的裁定中教师们会尽量与宗教教条保持一致，但各种新奇的异端邪说都可能被论辩者所设想。

既然大学教育的旨趣并不在于掌握实用的知识，而更多地是一种自由的智力练习，因此中世纪大学的贡献也并不在于确立了哪些明确的断言，而是在于由这些自由的辩论中所打开的思想空间。

现代人嘲笑中世纪经院学者时经常举的例子是：他们荒唐到喋喋不休地争论一个针尖上能站几个天使这样的问题。当然，这是现代人有意的讽刺，但也许中世纪学者们的确争辩过类似的问题。然而这意味着他们很愚昧吗？恰恰相反，诸如此类的问题之所以可能，难道不正是反映着经院哲学家对理性追究和概念辨别的极端执着吗？当然，实际的论题没有那么浅白，他们可能会讨论关于天使的实体性和空间的本性之类的问题。

对照来看，阿基米德可以问：给一个支点我能撬动地球；牛顿可以说：在一个别无他物的无限空间中一个物体将永远保持匀速直线运动；爱因斯坦可以设想：如果我跑得和光一样快将会看到什么？这些设想都是建立在一个非现实的，乃至于常人看来荒谬的前提之下的——哪里可能有这样的支点？哪里有这样的空间？这些都是利用某些现实中不存在的假想事物进行的理论思辨。而经院哲学家只是恰好以天使或上帝作为前提展开设想，凭什么说他们是愚蠢的呢？

亚里士多德的自然哲学与《圣经》的创世论之间存在许多矛盾之处，而这些张力在某种意义上更加促进了中世纪学者思想的活跃。亚里士多德一方面是备受尊重的权威，但另一方面他的任何学说也都可以被质疑。亚里士多德不能设想真空，不能设想无限的空间，不能设想地上之物跑到"月上天"之后会怎样，但一旦引入了万能的上帝这一概念，这些不合理的情境都变得可设想了。上帝有能力制造无限的虚空吗？如果有，那么这一空间中的物体将怎样运动？

可惜的是，中世纪学者往往并不把他们的设想"当真"，他们设想这些理想的或极端的事物只是为了丰富他们的辩论游戏。但他们的空想的确为现代科学做好了概念上的准备，他们区分了运动学和动力学，区分了温度和热量，定义了冲力、加速运动和瞬时速度等重要术语。

2 上帝作为绝对的外在性：创世论与机械论的世界图景

前面说到亚里士多德的自然哲学与《圣经》的创世论之间的张力刺激了中世纪学者以更灵活的方式发展希腊自然哲学，借助于引入上帝的存在，一些新的思想空间被开辟出来。即便说现代科学最终抛弃了上帝这一假设，但上帝至少扮演了催化媒介的角色。就好比牛顿力学中的绝对时空，虽然最终被证明是一个不必要的、乃至错误的假设，但在最初的理论构建中，它仍然可能扮演着某些积极的角色。下面我们就来谈一谈基督教创世论之于现代科学兴起可能有哪些积极的影响。

首先，古代人把宇宙看作一个有机体，有中心，有边界，天地二分，各向异性，而现代人把宇宙看作一台机器，物质没有什么内在的活力，一切都是相互外在的。关于机械自然观的来龙去脉，牵涉到许多问题，我们还会在本书的后一部分详细讨论。在这里，我们先说一说机械自然观的逻辑前提。

如果说世界是被造的，而上帝不是被造物，那么上帝就绝对地外在于整个世界。这个绝对的外在性解决了机械自然观的逻辑困难。如果没有这一概念上的过渡，从而对"自然"观念进行彻底的重构，机械自然观就仍是一个完全荒谬的概念。

我们已经提过，古希腊科学起源于"自然的发现"，也就是说，人们开始追问事物内在的"自然—本性"（nature），而不是从外在的干涉（神力或人意）方面来理解自然事物。自然与人工相对，自然运动与受迫运动相对，自然事物与技术器物相对。自然事物的运动根源于其自身，亚里士多德甚至是通过解说技术制品的原因，反过来定义了何谓自然物——非外在性。

机械正好是一种典型的技术制品，它是没有内在性的，它的根源和目的都是外在于它的。当然，我们也可以就"机械本身"来谈论一些性质，研究它的组合结构和运转机制，但这机械的"形式因"毕竟早就存在于设计者的头脑或图纸中了，况且，形式因始终还是"外观"，并不真的在机械的"内部"。而一棵种子生长为一棵大树，其原因蕴涵在种子之内。

第二章 基督教文化——科学革命的土壤

机械钟

这幅14世纪的图片描绘了英国圣奥本斯修道院院长,他手指向一台机械钟,这是他为修道院修建的。在欧洲,机械钟最早在修道院流行起来,因为修道院的生活要求一种刻板的规律。随着时钟的流行,修道院式的生活节奏逐渐扩散到整个社会,因此美国学者芒福德认为工业革命的关键机械是时钟而非蒸汽机。在蒸汽机带动的工业生活得以可能之前,组织化生活、定时、效率等必要的观念已经随着机械钟而推广开来。另外,钟表匠上帝的隐喻在科学革命时期非常流行,人们把宇宙想象成一个自行运转的机械钟,这也与钟表在中世纪的流行密不可分。

于是,机械代表着纯然的外在性,它只有外观而没有内涵,机械运转的原因都是外在的——设计者(形式因)、制造者(动力因)和操作者(目的因)。

科学史家戴克斯特霍伊斯意识到"机械"的隐喻必

定附带着外在性,而这也就是为什么他认为在世界图景的"力学化"(西方语言中力学就是机械学,本书后面还将讨论这一概念)中,"机械"的隐喻并没有重要的意义,他说道:"科学本身既没有一个超世界的宇宙创造者,也没有一个造物主希望通过创世来达到的世界之外的目标,机器隐喻至多只是有助于使微粒论自然观能为基督教思想家所接受。"[3]然而他没有意识到,这个"为基督教思想家所接受"也许正是"世界图景的机械化"中必不可少的一个环节。虽然这个超世界的创造者最终被现代科学所驱逐,但是在现代科学兴起之初,人们的确不得不通过这个绝对的外在者,才有可能接受"自然的机械化"这一悖谬的观念。这个悖论的命题本身就暗示着某种重大的变革,也就是说,古希腊人所建立的内在性领域与外在性领域的界限被打破了,知识与制造的对立被消解了。如果说"自然变成了机器"的隐喻确有其事,那么,在这种新的世界中没有找到外在的制造者或目标,也不必过于惊奇,因为既然内在性与外在性的界限已然消解,这个世界当然也就不需要外在的原则,正如它也不再要求内在的原则一样。

戴克斯特霍伊斯说道:"假如机器隐喻果真给出了经典科学思想的一个本质特征,那么我们或许可以预期,至少部分的目的论观念将在其中占据重要位置。因此,在研究机器时,如果只追问它的某个部分的运动是出于什么原因,而不考虑通过这种运动所要达成的直接目

第二章 基督教文化——科学革命的土壤

创世

1493年出版的《纽伦堡纪事》中关于上帝创世的描绘。

标,那么就能力而言,我们就不会把它看成机器,而只会看成一个随意的力学系统。"[4]

事实上,在现代科学兴起之初,目的论观念的确并非一下子就丧失了地位。最初的现代科学家们并没有排除目的论观念,而是将它置于一个不同的层次之下。由于上帝担负了机械论世界观中的全部的外在性,世界机械的外在目的或外在动力,与世界的运转机制问题从此被神与受造物之间无限差异分割开来,后者属于物理学的层次,而前者属于神学的层次。

现代科学通过引入并最终抛弃上帝概念,完成了一次釜底抽薪的观念革命，上帝连同世界的目的，被割离出科学的领域。离开了上帝的现代世界既没有隐秘的内涵也没有外在的目的，而只剩下形式或结构了。

顺便说一下，柏拉图在《蒂迈欧篇》中提及的"巨匠造物主"在某种程度上也可以扮演这个绝对的外在者的角色，但只是就"制造者"而言的，而世界的设计和运作却不是巨匠造物主的任务。也就是说，他难以承载并带走目的因。相比而言，基督教万能的上帝同时是宇宙的设计者、制造者和运作者，甚至还是质料的提供者（质料因），亚里士多德的四因全随上帝一同殉葬了，在机械世界中剩余下来的、仍能被现代科学追问的，不是亚里士多德意义上的动力因或形式因，而是某种在亚里士多德那里完全不可能被追问的东西——"机械的内在原因"，或者说"机械论的自然哲学"。

3 上帝与自然法则：经验研究的合法性

另一方面，基督教创世论相信神的权柄高于世界，也就是说神的创造不需要依赖于任何更高的法则，相反，神为世界制定法则。所谓的"权柄"并不是完全任意的玩弄，而是通过立法来掌控世界的秩序。神是"主"，是立约者，旧约、新约《圣经》正是神与人的两部约法，律法书更是其中的基要。基督教的上帝不是

摩西十诫

摩西十诫（17世纪画作）。《圣经》中讲述十诫为上帝亲自写给摩西并向以色列人颁布的律法，在犹太教的生活中影响重大。基督教虽然更强调主的恩典而非律令，但摩西五经（又称律法书）和立约的观念仍然至关重要。

一个任性善变的暴君，而是讲法则的君主。因此神创造世界虽然是自由的，但同时也是理性的。理论上，万能的上帝可以随时做任意的事，但基督徒也相信上帝是守约定、讲律法的。

这里包含了两个层面：一是由于上帝自由意志而造成的世界的偶然性；二是由于上帝的律法而带来的世界的规律性。也就是说，上帝制定了自然必须服从的律法（自然规律），但这些规则的设计却不是根据任何必然的理性原则，而是根据自由的意志而决定的。由于人类无法直接掌握上帝的意志，因而只能通过经验研究间接地揣测世界的秩序。

的确,希腊人的信念,无论是多神论、泛神论还是柏拉图或亚里士多德的学说,都无法为感觉经验提供一个坚实的知识论地位。从感觉经验中得到的要么仅仅是表象,要么只是求知的干扰。要认识真理,直接从"形式"去构想就可以了。理念或形式的世界是完美的、永恒的,而现实世界是缺陷的、不确定的。要追求永恒的知识,就要努力摆脱现实世界中的各种假象,用灵魂之眼去看理念之物。即便是《蒂迈欧》的巨匠造物主也只是根据形式而制造,而非根据自由意志而创造,产品中可能出现的偶然性也无非是制造工作中的败笔,而没有积极的认知意义。

但我们并不能简单地以为希腊科学只重视数学,只有现代科学才重视经验研究。事实上希腊人同样注意经验观察,相反,现代科学在某种意义上更重视数学了,现代科学促成了某种"自然的数学化",也就是说,数学语言成了自然的本质,在当年流行的画像中,上帝拿着圆规创造世界。按照伽利略的说法,上帝撰写"自然之书"用的是数学的语言。

本书前面提到过,在希腊人那里,数学的论证和推演是一种把人引向永恒真理世界的一种教学手段,而不是真理世界本身。在柏拉图那里,数学世界的地位是夹在理念世界与现实世界之间的中介部分。至于那些可程式化地确定和计算的东西——从而是可复制、可模仿的

第二章 基督教文化——科学革命的土壤

几何学家上帝

13世纪中叶的画像，上帝作为几何学家拿着圆规创造世界。

建筑师上帝

丢勒（1471—1528）的版画，描绘了建筑师上帝创世的场景，上帝手中拿的还是圆规。

东西——甚至要比数学技艺还低,顶多是工匠的智慧,根本够不着理念世界。在柏拉图那里,关于数学对象的知识也是通过"出神"的体验和启发式的回忆得来的,却不是通过推演或计算而来的。可知与可算在希腊人那里并不是一回事。而在现代科学中,可知几乎等同于可用数学计算。

大致上,说希腊人重理性轻经验,或许没错。但细究之下并非如此简单。至少在亚里士多德那里,感觉经验的积累的确对知识有积极的意义,只不过也许达不到最高层次的(神学或形而上学的)知识。亚里士多德的知识体系下,经验研究乃至工匠的知识都占有一席之地,只是地位不如理论知识那么高罢了。然而在现代科学的系统中,各种知识也仍然有层次之分,被现代人认为占据着最基础地位的数学知识,也仍然被认为是纯粹理性的,是不依赖于经验积累和不需要做实验的。现代人的知识体系以数学和理论物理学为核心,越是位于"边缘"的学科就越依赖经验,这一状况与亚里士多德的知识体系相比也差不太多。

但是,现代的知识体系毕竟与亚里士多德的知识体系有着重大的差别,这就在于,现代科学体系是还原论的,核心和边缘的学科虽然在建制上日益分化,但在存在论上却是统一的。也就是说,理论物理学在概念上进行推演的那些数学符号,与实验科学通过经验把握到的实际现象,指向的是"相同的存在者"。这种齐一性或者说存在者领域的夷平，是现代科学不同于古希腊科学的特点。古希腊科学虽然也同时包含着演绎和经验的研究方式，但是理念世界与现实世界并非同一，现实的圆是对理念的圆的摹仿，即便对现实的圆的描画有助于激发关于理念的圆的"回忆"，理论知识和经验知识指向的终究是不同层面上的事物。

在希腊人那里，理论科学要么是研究现实世界的工具（托勒密），要么是超越现实世界之外的独立知识（柏拉图），无论如何，理论科学与现实没有道理保持精确的一致性。但在基督徒那里，上帝的道说和现实的世界是同一个东西，上帝说要有光，于是就有了光，现实世界理应一丝不苟地服从全能上帝的命令，也就是他所颁布的自然法则。

因此，柏拉图可以接受对行星轨道的定性描述，因为他的模型描述的是更高的理念世界，现实的行星运行有些量上的偏差也很正常；而托勒密可以接受一个仅仅作为数学工具而引入的"均衡点"和层层叠加的天球，而不在乎真实的宇宙中是否存在这样一些东西。到了现代，开普勒无法接受理论推演与经验观察之间的8角分误差，因为他相信他在理论中演算的与经验中观察的完全是同一个东西。

另外，《创世记》中几乎每一次创造，都要说一句"神看着是好的"，显然，基督教的上帝对他的作品持肯定态度。因此，基督徒更倾向于相信，对造物的研究

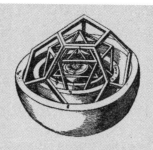

开普勒

开普勒(1571—1630)提出行星运行的三大定律，发现行星运转的轨道是椭圆。开普勒早年曾有一个大胆的想法：宇宙中有五大行星，而正多面体的数目也恰好为五个，开普勒把五个正多面体一个套一个，它们之间互相内切和外接的球形恰好对应各大行星的轨道。这一模型虽然错误，但第谷从中发现了开普勒卓越的数学才能，便收之为徒，而师从第谷后，面对第谷留下的丰富的观测记录，开普勒立即放弃了这一美妙的想法，转而设计各种数学模型去拟合数据，其中最好的一组模型与第谷的观测数据只有8角分的误差，但开普勒并未认可，而是继续摸索，最终发现了椭圆轨道。

将激励人们体会神的伟大和善意，科学革命时期绝大多数科学家皆以此为荣耀。这种荣誉感或许培育了一种科学研究的自由精神。

当然，古希腊科学就带有极强的超功利特征，学者们完全出于求知欲而非实际利益的驱动而钻研学术。然而，古希腊科学的自由恰恰是要在超越了具体的现实事物之上的纯粹理论静观中才体会得到，对于有朽的、杂乱的、不完美的物质世界进行经验研究，又有什么内在的乐趣呢？但近代的基督教科学家却不需要把研究目标局限于纯粹的理念存在，而是在研究现实世界中的具体事物时就能够获得内在的意义——经验研究本身、对造物的观察本身就是对上帝的礼赞，因而就是富有意义

宗教与科学研究

15世纪早期的法国插画,描绘了一群教士正在研究天文学和几何学。

的,而不在乎研究的实际成果。

基督教的这一点贡献是通过对希腊精神的纠偏达到的,在希腊科学中被极度贬低的物质世界由此恢复了名誉,但自由求知的精神仍然延续了下来。

科学革命时期的大多数科学家都会在其研究中提到礼赞上帝的词句,当然,有人也许会说,那些赞美无非是一些礼节性的,乃至是言不由衷的修辞。至于对上帝的信仰究竟在多大程度上激励了他们的研究热情,我们确实很难断言。但无论他们的礼赞是真情还是假意,更加关键的问题是,"赞美上帝"的确为当时的科学活动提供了一种内在的合法性，使得经验研究本身就有理由得到社会的支持，而不需要考虑其效果或产出。

4 上帝之眼：俯瞰一切的客观视角

另外，基督教认为人类是按神的形象所造的，因此，人一方面是一个被造物，但同时也是最为特殊的那种，也就是说，人是在某种意义上分有一点神性的。人的地位是"一神之下，万物之上"，人是万物的治理者，是世界的中心。这种观念导致了某种人类中心主义

七宗罪

七宗罪示意：按逆时针方向：孔雀＝傲慢，山羊＝色欲，猪＝暴食，蜗牛＝懒惰，狮子＝暴怒，蛇＝妒忌，蟾蜍＝贪婪。七宗罪由教宗额我略一世在6世纪末提出，傲慢被列在首位，不过其次序在后来的神学家那里有不同的见解。

单视的牛顿

此图是英国浪漫主义诗人和画家威廉·布莱克（1757—1827）所绘的牛顿，表达了他所反对的现代科学的"单视"（single-vision）。

的狂妄，肆意地拷问、剥削和控制自然。当然，这并不是基督教义的必然结果，事实上恰恰犯下了"骄傲"这第一宗罪，但不可否认，基督教对现代人的人类中心主义负有一定的责任。

另一方面，人类与神的相似性在某种意义上暗示了宇宙整体的可理解性。既然人与神相似，那么人的自由意志就是神的自由意志，人的感知就是神的感知，区别只在于前者有限，后者无限。但无论如何，人确实能够像神那般控制自然，感知自然。

牛顿把空间说成"上帝的感觉器官"，并不单纯地只是一个比喻，它暗示了现代科学理解世界的方式。

牛顿这样说:"如果我们能够知道自己是怎样移动四肢的,那么我们就能理解上帝是怎样使一处空间变得无法穿透,并使之具有物体的形式的。'事实很清楚,上帝凭借其意志创造了这个世界,创造的方式就像我们仅凭意志活动来移动身体一样。'由此可见,'我们的才能与神力之间存在的相似之处要大于哲学家们所设想的程度:《圣经》上说,我们都是按照神的形象造的。'"[5]

现代科学的视角与其说是人类中心主义的,倒不如说是上帝中心主义的,"上帝"提供了一种绝对客观的、全局的、普遍性的、完全可控制的视角,这种"上帝之眼"(神目观,God's eye view)正是现代科学的预设之一。

这种神之视角在某些时候被误认为"客观性"。客观是一种态度,表示尽力排除个人的局限和偏见,设身处地以全面的视角看问题。但无论如何,人类的能力总是有局限的,无论如何努力去排除偏见,我们也不可能做到像神那样洞悉一切。追求客观性的关键恰恰在于要认清自己的局限所在,反省自己所处的立场,这才可能取得相对而言更客观的视角。但一种绝对的客观性是不可能达成的,相信一种绝对的客观性实质上恰恰是一种最为膨胀的主观性,即把个人注定被局限于其中的一种视角当作是唯一正确的。

量子力学的兴起在某种意义上揭示了上帝之眼的问题，观察者被重新纳入科学的考虑之内，而在人类的实际观察之外的事物不再具有一个确定的状态，以至于仍然坚持上帝之眼的人将会感到量子力学是不可理喻的，他们抗议说："上帝不掷骰子。"

余论：科学的宗教情结

总而言之，现代科学是从基督宗教中脱胎而生的，无论多么叛逆，也总带有宗教的影子。不能简单地把科学与理性、宗教与迷信等同起来，事实上同样是对待科学，也有人尊崇，有人迷信。迷信科学的人把科学看作铁的教条，看作包治百病的万能药，而真正尊崇科学的人只是把科学看作一项神圣的事业，但并不会盲信它的力量。

低阶的信徒往往比宗教领袖更加狂热，而越狂热的信徒越容易把不同的观点斥为谬误。这些特定对于科学教的信徒而言同样适用。大科学家们对科学的理解往往更为理智，明白科学之力量的限度，对于宗教信仰则更为宽容，而大众则更容易狂热地追捧科学，唯科学独尊。

在西方，不仅是牛顿的时代，即便是在20世纪以后，信仰宗教的科学家始终不是少数。虽然在一般的已经技术化的科学工作者那里，宗教信徒的比例较低，但在顶尖和前沿领域的科学家那里仍然经常能够看到宽容

第二章 基督教文化——科学革命的土壤

甚至崇信宗教的态度。这种现象恐怕与西方科学与宗教的文化渊源有关，对上帝的信念与对自然秩序的崇信是一致的。

普朗克的说法颇具代表性："在追问一个至高无上的、统摄世界的伟力的存在和本质的时候，宗教和自然

普朗克

普朗克（1858—1947），德国物理学家，量子力学的创始人之一。

科学便会相会在一起了。它们各自给出的回答至少在某种程度上是可以加以比较的,正如我们所看到的,它们不仅不矛盾,而且还是协调一致的;理性的世界秩序,其次,双方都承认这种世界秩序的本质永远也不能被直接认识,而只能被间接认识,或者说只能被臆测到。为此,宗教需要用上那独特的象征,精确自然科学则用以感觉为基础的测量。所以,任何东西都不能阻止我们把这两种无处不在其作用和神秘莫测的伟力等同起来,这两种力量就是自然科学的世界秩序和宗教的上帝。"[6]

而爱因斯坦说道:"你很难在造诣较深的科学家中间找到一个没有自己宗教感情的人。"[7] "但凡是曾经在这个领域(科学探索)里胜利前进中有过深切经验的人,对存在中所显示出来的合理性,都会感到深挚的崇敬。通过理解,他从个人的愿望和欲望的枷锁里完全解放出来,从而对体现于存在之中的理性的庄严抱着谦恭的态度,而这种庄严的理性由于其极度的深奥,对人来说,是可望而不可即的。"[8]

第二章 基督教文化——科学革命的土壤

爱因斯坦

爱因斯坦（1879—1955）

这种"深挚的崇敬"和"谦恭的态度"正是科学与宗教所共通的。

如果科学在精神气质上也彻底与宗教相决裂，如果科学最终丢掉对自然的崇敬情感，丢掉了出于人类力量之有限性的谦恭心态，科学也许将成为一种真正的迷信。

延伸阅读

爱德华·格兰特：《近代科学在中世纪的基础》，张卜天译，湖南科学技术出版社，2010年。
——格兰特是中世纪科学史的专家，他在70年代出版的《中世纪的物理科学》就是一部佳作，但这本他时隔25年之后重新撰写的著作大幅修订了他最初的观点，提供了更令人信服的论证和更广阔的视野。

林德伯格：《西方科学的起源》，王珺译，中国对外翻译出版公司，2001年。
——副标题为"公元前六百年至公元一千四百五十年宗教、哲学和社会建制大背景下的欧洲科学传统"，从古希腊讲到中世纪，是一部经典的科学通史。作者对中世纪科学的评价虽不如格兰特深入，但也较为中肯。

阿利斯科·E.麦克格拉思：《科学与宗教引论》，王毅译，上海人民出版社，2000年/2008年。
——作者又被译作麦格拉思或麦葛福，他的许多著作都有了中文版，包括《基督教概论》等普及性读物。这本科学与宗教引论也兼具通俗性和学术价值。

E.J.戴克斯特霍伊斯：《世界图景的机械化》，张卜天译，湖南科学技术出版社，2010年。

——这本书比较专业，推荐科学史专业的学生阅读，对于普通读者而言，这部书或许过于艰涩了一些。倒不是说这部书要求多深厚的专业背景，而是由于作者语言凝练，字字珠玑，材料密集，可能让读者喘不过气来，但有兴趣的读者也不妨挑战一下。作者从古希腊讲到牛顿，梳理了现代的机械论科学如何最终兴起的历史脉络。

约翰·布鲁克：《科学与宗教》，苏贤贵译，复旦大学出版社，2000年。

——这本书从历史学角度梳理科学与宗教的关系，讲述客观而平实。虽然与本章所谈论的内容关系并不大，但也值得在此推荐。

延伸阅读

[1] 格兰特：《近代科学在中世纪的基础》，张卜天译，湖南科学技术出版社，第46页。
[2] 同上书，第63页。
[3] 戴克斯特霍伊斯：《世界图景的机械化》，张卜天译，湖南科学技术出版社，2010年，第542页。
[4] 同上书，第542页。
[5] 柯瓦雷：《牛顿研究》，张卜天译，北京大学出版社，2003年，第91页。
[6] 钱时惕：《科学与宗教——关系及其历史演变》，人民出版社，2002年，第157页、第158页。
[7] 《爱因斯坦文集》第一卷，商务印书馆，第67页。
[8] 许良英、刘明编：《爱因斯坦文录》，浙江文艺出版社，2004年，第73页。

第二章 基督教文化——科学革命的土壤

第三章

印刷术
——科学革命的媒介

……
冰冷的莱茵河看到了谷登堡。
"无谓的劳动啊,你写写抄抄,
赋予思想以生命,
这真是白白操劳!
因为思想必逝:
模糊的帷幕、忘却的阴影已把它笼罩!
什么样的器皿能容纳大洋的汹涌波涛?
禁锢在独卷手抄书内的思想,
无法传扬到四面八方!
还缺少什么?飞翔的本事?
大自然按照一个模型,
创造出无数不朽的生命。
跟它学吧!我的发明!
让真理之声四处传扬,
千千万万回声在山谷震荡,
鼓着灵感的双翼,青云直上!"
谷登堡说罢,——
印刷术问世流行……

——节选自曼努埃尔·霍赛·金塔纳:《咏印刷术的发明》,由恩格斯译成德文

1 万事俱备，只欠东风

希腊的精神加上基督教的土壤，科学革命大约是"万事俱备，只欠东风"了，现代科学之所以直到16、17世纪才兴起，还需要等待一个"传播者"的助力，这就是印刷术。

希腊人提供了科学的火种，点亮了理性的明灯；阿拉伯人保存了希腊的火种，最终在基督教欧洲的土地上熊熊燃烧。但除了火源与土地之外，风是经常被人们忽略的另一项必备要素，如果没有风的传播，火焰通常只能一闪即逝。

回顾所有古代文明中曾经出现过的"黄金时代"，其间百家争鸣，英雄辈出，达到智力的高峰，但其辉煌往往都只持续了很短的时间，然后就经历漫长的衰落，后代人只是不停地注释和复述先哲的言论，偶尔闪烁的智慧火花也难以传承发扬。而只有从16、17世纪开始的现代科学才开启了一个持续增长的进步时代，科学的发展呈燎原之势，一发而不可收拾。

我们要说，印刷术就是使得科学传统得以维持持续增长的动因。

我并非要在印刷术与现代科学之间确立一种因果关系，来论证印刷术是现代科学诞生的充分或必要条件。正如风势也很难说是火灾的原因，从前因后果的考察来看，风势只是一个助力，就好比催化剂——它并不改变原本的反应，仅仅是倍增了反应发生的速率罢了。传统的历史学家也重视印刷术的意义，但他们一般只是把它的影响看作仅仅是传播速度和传播范围的倍增。

但除了增速和增幅外，印刷术是否对现代科学的内涵也造成了某些影响呢？这同样是有可能的。事实上，如果把历史变革比作化学反应，这种反应也不是一种实验室或工程中的受控反应：原料能够被精心挑选出来而排除了其他杂质和干扰。在历史中的媒介就好比在一大团包含着各种物质的原料中投入了某种特定的催化剂，它能够加速其中某几种物质的反应，但另一些物质相对而言则被抑制了。这样一来，整个社会环境所经历的绝不仅仅是一种单纯的"加速"过程，而是一种带有特点倾向的扭转了。印刷术以某种特定的方式重新塑造人的思维方式和生活习惯，但任何新的生活方式都不可能是凭空降临的，而无非是对以往生活方式的某种改造——新媒介所带来的新趋向总是能够在传统中找到"原材料"，因此我们很有可能在希腊和基督教文化的渊源中找出各种现代科学的源头，但这并不能否定印刷术在其中扮演了至关重要的角色。

对于新技术所造成的文化变革，人们一般觉得难以理解：印刷书上登载的理论与手抄本里誊抄的理论有何不同呢？这是因为人们总是习惯性地以旧技术的语境下的概念来衡量新技术，例如，汽车被看作自动的马车，电报被看作更快的信件，印刷书被看作更高

科学文化史话　A Brief History of Scientific Culture

汽车
1894年的奔驰汽车，还保留着马车的形象。

效的手抄本。试想一个生活于马车时代的人，第一次接触到了汽车，但他尚未改变他的整个生活方式和习惯，原先该怎么出行，现在他还是怎么出行，原先怎么安排出行在生活节奏中的位置，现在还是怎么安排，他只是把原先的马车换成了现在的汽车。那么当然，他将发现，出行的速度快了一些、便利了一些，不过在环境设施不到位时（例如没有铺设好公路），汽车反而更慢、更麻烦了。于是综合来看，汽车和马车也差不太多。直到整个环境（语境）都发生了变化，例如，人们按照汽车的性能重新安排了生活的节

第三章 印刷术——科学革命的媒介

印刷房
16世纪德国的印刷房景象。

奏,整个社会架构和公共环境都围绕汽车的特性改变了设置,汽车与马车的不同才可能真正展现出来。然而,此时习惯于汽车的环境的人们,往往又早已遗忘了马车的世界,他们转而用汽车的意向来理解马车,仍然极有可能得出汽车与马车差不太多的结论。

古登堡圣经
1454年出版的古登堡圣经。书页中的许多修饰仍然依靠工匠手绘。

我们已经再三提及，科学首先关联到的是某种教育理念和文化环境，而不仅仅是印在书上的那些断言和数据，那只是现代人的印象，而这种印象正好是印刷术造成的。

2 归纳法：史学成为科学方法

人们认为，之所以古代学术难以持久而现代科学可以积累进步，是因为现代科学终于找到了最有效的"科学方法"，这就是"归纳—实验"的方法。然而这种科学方法又是从何而来的呢？

弗朗西斯·培根被认为是科学方法的宣扬者，他的阐述了现代科学的新方法——"归纳法"。但这种方法的实质是什么呢？我认为，恰恰在于一种史学方法，即某种对于"文本记录"的全新态度。而这种新态度又是在印刷术之后才得以可能的。

顺便要说，所谓"史学"（history），在希腊语中的本义是探究、研究的意思，这种探究不同于理论科学对理念事物的沉思、静观，而更多的是指对现实事物的调查、探索。在某种意义上"史学"从一开始就是一门"经验科学"，只不过其研究对象一般只是风物人事，而没有与自然哲学建立关联。我们通常认为"史学"是带有时间性的，但这只是就其通常的研究对象（有朽的

第三章 印刷术——科学革命的媒介

培根

弗朗西斯·培根（1561—1626），现代科学的开路人，虽然他本人并没有直接的科研建树，也缺乏对同时代科学进展的甄别眼光，但他以优美的文笔积极宣扬科学精神，提出归纳—实验的研究方法，对后来的科学发展产生了深远的影响，并且成为经验主义的代表人物。培根一生致力于推动自然知识的搜集工作，他相信当搜集了足够多事实之后，我们就可以解释任何自然现象了。最后，培根为了研究冷冻对防腐的影响，宰鸡填雪，受到风寒，几天后死于肺炎。

人类世界，而非永恒的理念世界）而言的，史学就其方法来说未必包含时间的含义。

培根的方法论至少包含三个环节："首先，我们必须备妥一部自然和实验的历史……这是一切的基础；……第二步必须按某种方法和秩序把事例制成表式和排成行列，……第三步必须使用归纳法。"[1]简单地说，即：记录—编纂—归纳。前两个步骤无非就是一般意义上的"史学"的工序，而这也正是培根着力最多的部分。

除了《新工具》，培根自己身体力行的工作也集中于史学之上，从早期的学术史研究，到未完成的《10个世纪的自然史》。培根在这本书中"留下了他收集的大

《新工具》

培根 1620 年出版的《新工具》封面,一艘帆船正在穿过海格力斯之柱——海格力斯之柱是希腊神话中英雄海格力斯(赫拉克勒斯)旅程的最西端,《新工具》意在超越希腊人,走进自由的新天地。

《木林集》

培根 1627 年出版的遗著《木林集》(Sylva Sylvarum) 又名《10 个世纪的自然史》。封面顶端太阳中写着表示上帝的希伯来符号,中间是《圣经·创世记》中的"神看光是好的",下面地球上写着"智慧的世界"。书中分十章,每一章都包括 100 条"实验"记录。

量既属于书本,又属于直接观察的'事实'。……这本通常与《新大西岛》合印在一起的作品是培根所有著作中重印次数最多的。"[2]

顺便提一句,其中自然史(Natural History)这个概念现在一般译作"博物学",但在本书中,我将它译为"自然史",以便揭示自然—史这两个概念之间的张力。

当然,从亚里士多德到老普林尼,古代人也有许多"自然史"的成就,那么为何说直到培根的时代,"自然史"才成为科学研究的"新工具"呢?一方面,在古代自然史的地位远在自然哲学之下,不可能被置于方法论的基础位置;另一方面,更重要的是,古代的自然史只

《自然史》

老普林尼(公元23—79年)《自然史》12世纪中叶的抄本。老普林尼的《自然史》是西方古代最著名的百科全书著作,记录了二万余种事物,包括天文、地理、动物、植物、工艺、艺术等许多领域,内容多搜集自其他书籍,包含许多未经甄别的奇谈怪事,不过其主旨在于"研究事物的本质",培根以此书为榜样,希望编写一部规模远超普林尼的新自然史。

是一些零星的成就，形不成一种能够积累发展的传统。

　　使得"自然史"在近代得以发扬光大的，正是印刷术带来的技术条件。培根本人也在一定程度上意识到记录设备的重要意义："即使……经验上的一堆材料已经准备在手，理解力若是一无装备而仅靠记忆去对付它们，那还是不能胜任的，正如一个人不能希望用记忆的力量来保持并掌握对天文历书的计算一样。可是在发明方面的工作迄今始终是思维多于写作，经验是还不曾学会其文字的。而我们知道，发明的历程若非由文字记载保其持续推进，总是不能圆满的。一旦文字记载广被采用而经验变成能文会写时，就可以希望有较好的事物了。"[3]

　　让"经验学会写作"的，正是印刷术。在印刷时代以前，除非有像亚历山大城的缪斯宫（Museum）那样庞大而稳定的机构支持，一个人要想掌握整套天文历书并作出准确而可以积累的计算，简直是不可能的。虽然托勒密的著作从12世纪起就开始译成拉丁文，但其保存和传播非常艰难，爱森斯坦指出："在手抄书时代……西方天文学家都很少读到全本的《天文学大成》，很少有人传授应用该书的心得。天才的天文学家穷毕生精力，抄写、校订、做概要，但他们所用的抄本一开始就是有瑕疵的、讹误不断增加的本子。"[4] "从托勒密到雷蒙塔努斯的千百年里，新证据不太可能'逐渐'积累，而是容易出错和脱漏……我们需要解释的不是'停滞'的问题，也不是进步缓慢的问题，而是错漏的过程

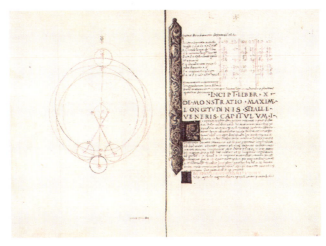

《天文学大成》

托勒密《天文学大成》(至大论)的拉丁注译本(15世纪末)。
左页描绘了水星的运行模型,右页提供了水星的相关数据,以及金星部分的开头。

是如何得到遏制的。"[5]

培根抱怨古人不保留他们的经验记录,以至于他们的研究难以被继承和推进。他提到:"古人们在开始思考之初,也曾备有大堆丰富的事例和特殊的东西……却仅在几个地方插入少数的举例以当证明和解说之用,至于要把全部札记、注解、细目和资料长编一齐刊出,古人们认为那是肤浅而且亦不方便。这种做法正和建筑工人的办法一样:房屋造成之后,台架和梯子就撤去不见了。"[6]

在这方面,培根对古人显然是过于苛求了。即便说古人并不把将经验记录为冗长繁杂的札记和细目这一活动视为肤浅,即便他们任劳任怨地把它们一一记录在

抄写员

抄写员（15世纪）

案，试想这些乏味而重复的记录有可能流传于世吗？即便古人身后的抄写员们也孜孜不倦地把这些乏味的记录传抄下去，这些记录难道不是很快就将变得讹误丛生吗？即便偶尔留存有在某个档案柜中妥善保存的准确版本，其他的学者有可能自由地获取它们从而推进自己的研究吗？就算其他学者有机会获取到一个乏味的记录表，他首要的工作难道不是检查校订文本中可能出现的传抄讹误吗？

只有印刷术才促成这种往往由冗长的记述、易错的数据和乏味的图表构成的经验记录或实验报告有可能进入学术圈，从而可能被人重复和修订。甚至所谓的学术圈也被完全重构了，原本的学术交流圈子只能局限于一时一地的一个学派内部，除了面对面的交流之外，顶多只能靠私人通信来保持联系。而一旦这些经验记录和实

第三章 印刷术——科学革命的媒介

《哲学会刊》

出版于 1665 年的第一期英国《皇家学会哲学会刊》,是最早的科学期刊之一,旨在向学界和公众传递最新的科学进展。《哲学会刊》开启了同行评议的形式,此后,各地区和专业的期刊纷纷创立,学术期刊成为学术圈互相了解和互相承认的重要媒介。

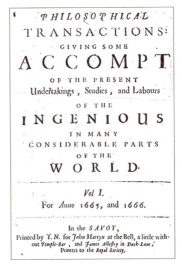

验报告在印刷术的帮助下广为传播,这就导致了"私人"与"公共"的传统界限被打破,原本属于学者们个人经历的东西,原本属于学者之间私人交流的东西,一下子成了公共争论的基点。而被重新塑造的公共领域最终促成了整个"学术空间"的开辟,这种"学术圈"营造出的积极竞争与合作的环境,使得科学成为一项"前赴后继"的共同事业。

3 从原版书到自然之书:校订文本的科学

公共的学术空间要求有公共的争论,而成为公共争论之共同焦点的东西,首先不是所谓的"自然",而恰恰是可复制的文本。关于自然的经验是私人的,除非经验被写成文本。

于是我们不难理解,首先被学者们关注的事情,并不是找到普适的"自然秩序",而是建立普适的"文本秩序"。我们注意到,近代欧洲的"动物学"和"植物学"的先驱者瑞士学者康拉德·格斯纳,恰好也堪称"目录学之父"。格斯纳狂热地追求图书的编目和系统化,他"致力于编纂第一部(也是最后一部)真正综合性的'通用书目',以陈列印刷术百年之内出版的一切拉丁语、希腊语和希伯来语著作"[7]。

▲《动物志》独角兽

格斯纳(1516—1565)的《动物志》,书中也包括许多传说中的动物。

◀《动物志》刺猬

第三章 印刷术——科学革命的媒介

如果把格斯纳刻画为"博物学家",就可能造成误解。事实上格斯纳所关心的不是"物",而是"史",是文本的编目和系统化。只不过他更关心恰好的是动物学的文献。在当时,"自然史"首先就是一门名副其实的史学。

"许多早期的田野考察是由出版商、编辑和翻译发起的。"[8] 例如法国学者皮埃尔·贝隆(1517—1564)想要把迪奥斯科里德斯和泰奥弗拉斯托斯(撰写过药物志和植物志的希腊化时期的学者)翻译成法语,但他发现很难辨别古书中提到的动植物究竟是哪些。他想到可以到东方考察,于是在皇家的赞助下去中东考察记录,

《植物志》

1644 年印刷的泰奥弗拉斯托斯(约前 371—约前 287 年)《植物志》。泰奥弗拉斯托斯被认为是西方植物学之父,他曾在柏拉图学园求学,柏拉图死后又追随亚里士多德到吕克昂,并成为亚里士多德的继任者,在他的领导下,亚里士多德的"逍遥学派"得以发扬光大。在印刷术的推动下,人们对这些古代作家的兴趣也被重新激发起来。

最终编写出了影响较大的动物学和植物学著作。

任何时代都不缺少热爱自然的旅行者，或着迷于新奇事物的冒险家，但促使"自然研究"发展壮大的，却并不仅是探险家们对野生动物的好奇心，更是史学家们对整编史籍的愿望，外加出版商的营利追求。

简单来说，伴随印刷术而兴起的首先是史学的兴趣，即整理和校订古籍的需求。而为了修正古籍由于失传和抄写错误而造成的错漏，人们开始求助于自然界。实地考察、采集标本等活动首先并不是出于对事物本身的兴趣，而是出于校订文本的需要。

早期的印刷书仍然错漏百出，在出版之后往往还会刊发许多勘误表。但印刷书能够印发勘误表这一事实"本身就显示了印刷术赋予人的新的能力"[9]。

对于现代科学的"标准化"概念的形成，"勘误表"的意象在某种意义上是更加重要的——尽管我眼前这本书错漏百出，但它终究是可以得到修订的。在流传着的各式各样错漏的版本背后，还有一个最准确的原始版本，修订的工作有可能朝向这个"原版"步步逼近，最终还原出标准的版本来。

一旦人们也用这样的态度去看待古代流传下来的经典著作，他们想到的第一件事就是着手"复原"这些经典著作。事实正是如此："盖伦、亚里士多德……他们被抛弃是在印刷术之后一百年才发生的。在1490年至1598年的一百年间，盖伦的著作已经印行了660

第三章 印刷术——科学革命的媒介

版。……老普林尼卷帙浩繁的百科全书1550年之前印制出来,其内容而不是风格受到重视。"[10]

教条主义恰恰是在这个时候刚刚兴盛起来,在古代,即便是《圣经》那样被妥善保存和严密传抄的文本,其权威性仍然不能自明,而是靠教会的权威来保障的。爱森斯坦提出:"直解《圣经》的原教旨主义是印刷术出现以后才有的现象。……《女巫的铁锤》出版后

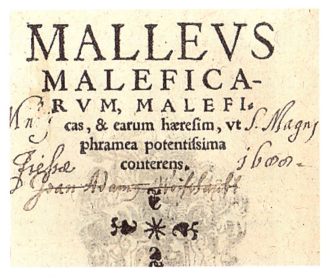

《女巫的铁锤》

图为 1520 年出版的《女巫的铁锤》的封面。此书最早于 1487 在德国出版,立刻销售一空,在 1487 到 1520 年之间就再版了 12 次,在 1574 到 1669 年又再版了 16 次,在整个文艺复兴时期影响巨大。

尽管女巫审判的教皇敕令早在 14 世纪初就已发出,但猎杀女巫仍然在《女巫的铁锤》出版后的文艺复兴时期才达到高潮。此书详细讲解如何识别并以酷刑拷问女巫。当局通过流言和密告"发现"女巫,经过惨绝人寰和践踏尊严的持续拷问,嫌疑人往往会供认自己的女巫身份,最终接受游街和公开行刑。

出现的巫师审判也是印刷术出现以后才有的现象。"[11]
"各地的教士在16世纪都受制于更加严格的'以书为准'的纪律。"[12]"布道者的布道辞应该直接从《圣经》取材——在伊拉斯谟的时代,这个观点远没有过时,而是刚刚才开始形成。"[13]

当"以书为准"的观念兴起之后,科学家首先不是试图凭空构建一个新的自然体系,而是想方设法去修订古代的经典文本。早期的科学家们相信古代哲人们的著作经过漫长的传抄,错漏和佚失无数,因此亟需通过辛勤的研究去复原它们。

然而,一旦校订的工作开始,其效果就远远不止于对某本古书进行一次全面的改写了。关键在于,古书的

猎杀女巫
1577年的插画,描绘了对女巫施用酷刑的场景。

原版、校订版和改写版等等,都将同时流传于世。在这个意义上,说托勒密是哥白尼的同时代人也绝不为过,托勒密仅在哥白尼之前不久开始流行,而在哥白尼之后又继续流传了许多年。和同时流传于世的不同的手抄本截然不同,手抄本的版本差别暧昧不清,而不同版本的印刷书却泾渭分明,可以拿来互相对比和批评。

爱森斯坦说得好:"新的《普鲁士星表》之所以具有重大的历史意义,并不在于它'代替'了《阿方索星表》,而是因为它成了另一种选择,这就促使天文学家用两种星表去观测天象(第谷的观测就是明证)。"[14]

"或许,哥白尼最重大的贡献与其说是他找到了'正确的'理论,不如说是提出了经过透彻研究的另一种理

缪斯女神天平

里奇奥利1651年《新天文学大成》的卷首插画,哥白尼体系和第谷体系在天平上称量(第谷体系更重),托勒密体系则被丢在地上。

论;于是,他提出问题,让下一代天文学家去解决,而不是自己做出答案,让后人学习……在里奇奥利1651年出版的《新天文学大成》的卷首插图里,哥白尼的图示和第谷的图示被置于缪斯女神天平的两端,而托勒密的图示则被置于地上……我们应该看到,一个画框里表现三种图示清晰的行星模式,这倒是颇为新异的。互相矛盾的《圣经》评注鼓励人们去研究《圣经》本身,同理,'渺小的人之书'里那些互相矛盾的判断促使人坚持不懈地用'伟大的自然之书'去检验。"[15]

"第谷之所以有别于过去的观星人,并不是因为他观测夜空而不研习古籍。"第谷也没有望远镜,但他掌握有"前人很少掌握的资源,那就是两种不同的理论的两套计算方法……他有一所图书馆,塞满铅印的文献,

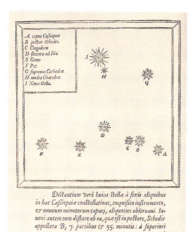

第谷的星图

第谷在1573年印发的星图,报道了新发现的一颗超新星的方位,新发现能够很快通过印刷厂刊发,在同时代的学者中引起反响。

他还有擅长印刷术和镌刻艺术的助手。他亲自动手安装印刷机,还在他工作的赫文岛上办了一座造纸厂"[16]。印刷术所提供的资源使得近代早期科学家的知识更新和积累达到了空前的速度。

4 书本上的科学:知识成为白纸黑字

我们说第谷还没有望远镜,他靠的是印刷术的助力。但是毕竟到了伽利略就有了望远镜。那么在诸如望远镜之类的技术中,是否还有比印刷术扮演更重要角色的新事物呢?不可否认,钟表、透镜等技术在近代科学的发展史上也扮演了至关重要的角色。然而,要害在于,印刷术对于其他诸多技术的发展而言,也起到了关键性的作用。

"在印刷术出现之前,重要的事件即使报告,也是在布道坛上口头报告的。'透镜在13世纪已广为人知……但在三百年的时间里,有关透镜的一切都停留在一种静默的密谋中……到了16世纪以后,透镜才成为理论研究的对象。'……到了17世纪初,技术发明已经见之于印刷品了,报界披露光学仪器的发明,于是,许多人就开始争夺发明的优先权,所谓'伽利略的镜筒'即为一例。"[17]

印刷术一方面把知识条目化,同时把知识公开化,

望远镜

1624年出版的书籍中描绘的荷兰望远镜。一般认为望远镜由荷兰眼镜商于1608年发明出来,但同时也有其他发明家申请专利。无论如何,望远镜的消息很快在欧洲传播,第二年伽利略就根据传闻立刻动手制作了一架,并首次将望远镜指向天空。

这促进了技艺的知识化。使得原先只是在工匠传统中言传身教的技巧和秘诀,变成一种可积累、可批判的公共学术资源。"印刷术不是把文件紧锁深藏,而是把它们从箱子和密室里拿出来复制,让人们都能看到这些文档。保存宝贵资料的最佳途径是将其公开,这一观念和传统的观念背道而驰。"[18]

非但技术的发展始终依赖私人的秘传,科学的传统也没有完全脱离秘密的领域。我们说过,数学的论证和演绎原本都属于教学的技巧,是把人引向真理的实践技艺,在很大程度上都是私人性质的。爱森斯坦举例说:"塔尔塔利亚……这位自学成才的工匠—作家率先用

第三章 印刷术——科学革命的媒介

塔尔塔利亚

塔尔塔利亚幼年丧父，家境贫苦，主要依靠自学而掌握了高超的数学能力（这无疑是印刷时代才有可能的事情）。当时的数学家们经常参加各种自发或有奖的竞赛，互相出题较量，塔尔塔利亚因为能解三次方程而出名，但他不愿公开自己的方法，直到卡尔达诺在许诺保密的前提下换取了以暗语诗句写成的解法。卡尔达诺及其学生最终破译了解法并推广至任意三次方程及四次方程，在隐秘几年后最终发表了它们，引起了塔尔塔利亚的强烈不满。现在三次方程的解法被称作卡尔达诺公式（卡当公式）。

通俗语翻译欧几里得，但他还是不愿意和算师这一行业里的最新技巧分手告别。实际上，卡尔达诺公布他解三次方程的办法时，塔尔塔利亚竟然大发雷霆……'现代学者满脑子装着罗伯特·默顿这样表述的一个观点：你将一个想法传达（宣传）给别人之前，这个念头并不真是你的想法。对这样的学者而言，塔尔塔利亚的态度似乎莫名其妙。然而……个人拥有想法的观点本身在塔尔塔利亚那时就是新异而奇怪的。'[19] 另一个例子是炼金术的转变，正如卢瑟福所说[20]，从炼金术到化学，最重要的转变与其说是对自然的态度究竟是迷信还是理性，不如说是从秘传到公开的转折。

在现代，我们心目中的"知识"这一概念本身已经带有了公共性，因此原本属于"知识"含义之内的实践知识、制造的知识等等意味逐渐被人淡忘。这与其说是现代人的柏拉图主义形而上学视野忽视了技术，倒不如说是由于印刷术新近赋予"知识"这个概念之上的公开性要求——知识应该呈现为那种白纸黑字的、能够公开传阅的东西，而不该是任何不能被印刷的隐晦的东西。

理论与制造的界限被打破了，"可印"成了知识的标准，知识不再按照"理论的"和"制造的"来界定，而是根据源于图书编目学的分类体系来划分知识的门类。书本成为科学的中心。

事实上，"应该相信亲眼观察而不是书本"这一口号不是在近代刚刚兴起，反而是在近代由于印刷术的出现而刚刚过时。爱森斯坦提到，"古典权威告诫人不要信赖图像，其理由很充分，那就是因为图像会随着时间的流逝而走样变形。盖仑说：'病人是医生的医书。'"[21] 而在印刷时代，科学家终于可以信赖书本和图像，可以信赖其他学者的描述记录，从而可以免于亲自奔波，坐回到书房中进行研究了。

远离自然，而非亲近自然，成为现代科学的革命之处。正如拉图尔所说，处在知识背后的是文本，和更多的文本，以及"层层排列的图表、记录、标签、手术台和示意图……我们并没有自然……我们有的是一个阵列"[22]，"自然"是论证的结果而非根据——"没有人能以如下方式介入一场争论，即说：'我知道它是什么,自然这样告诉我的,它是氨基酸序列。'这样的断言将被报以哄堂大笑,除非这个序列的拥护者能出示他的图表、提出他的引证、提供他的支持来源。"[23] 拉图尔这样来诠释近代科学的"哥白尼革命",即不再是人在自然事物之间漫游,而是改以"绘图室"为中心,把事物聚集起来(drawing things together)。[24]

而要聚集事物,就必须要用简便的、可靠的媒介把事物刻印下来(拉图尔所谓inscription),除了制作标本之外,纸张和铅字是最好的媒介。

正如福柯所说,"自然史发现自己处于现在在物与词之间敞开的那个间距中"[25]。而这个间距空间,就是那个由印刷术促成并开拓出来的,由文本和更多的文本构成的"阵列"。芒福德也发现,印刷术"促进了隔离和分析的思考方式","与现实中发生的事情相比,印刷物给人们留下的印象更深刻",于是"存在就意味着在印刷物中存在,学习就意味着学习书本,所以书本的权威被大大地拓展了……阅读印刷品和亲身经历之间的鸿沟已经变得越来越大"[26]。

我们提到过,在古希腊,教学的实践智慧与理论知识是有区别的,数学的演绎无非是诱发学生直观真理的一种教学手段。实践知识占据理论知识与制造知识之间的中介位置。但到了现代,这一实践知识的领域消失了,理论与制造的分界也随之消失了。

那么,"实践知识"这一中介者是如何隐退的呢?

事实上，消除某种媒介的媒介性的方法，不是遗忘它，而是注视它。把它放到中心，让它成为对象。例如，我们戴着眼镜注视景物的时候，眼镜真正扮演着中介者的角色，但拿起眼镜注视着它的时候，眼镜本身也成了对象。

近代思想的标志是"方法"的自觉，即把"步骤"、"过程"、"工具"这些中介性的东西放到了舞台中央，印刷书成为高效的教学手段之后，也逐渐喧宾夺主，成为教学的对象。这种教学手段的喧宾夺主将会改变教学的意义。例如英语考试本来是训练并检验英语素养的一种手段，但如果把考试成绩本身看作目的，那么提高英语素养反倒成了考取高分的手段了。这样一来，虽然表

《谈谈方法》

笛卡尔《谈谈方法》，1637年出版。笛卡尔被誉为现代哲学之父，现代哲学被认为是由注重本体论的古代哲学向认识论转向。笛卡尔的《谈谈方法》和培根的《新工具》虽然旨趣迥异，但都标志着这种方法论的觉醒。

面上仍然在提升英语能力,但提升的方向已经扭曲了。

希腊教育的意义在于呈现知识、唤醒知识,而不在于构造知识。而在现代,教育的过程变成了一种独立自足的东西,教育不再是把学生"引向"知识,而在于构造知识——知识是由白纸黑字的印刷符号构造出来的。而构造的过程是自足的,搭积木的每一个步骤都可以停下来,此时的结构就都可以当作最终作品。每一块积木都是最终结果的一部分。现代数学论证中的每一个步骤都是数学体系的一部分,现代教育中的每一个环节都是"知识"的一部分,我们的学习中所面对的每一个环节都是我们学习的"对象"。学习的目的融在了学习的过程之内。"应试教育"就是一个极端的例子。上课的目的是考试,而考试的目的是检验上课的成效,上课和考试无非只是教育过程之内的两个环节,手段与目的在教育过程之内循环了几圈,最终抽象成一个单纯衡量学习之"效率"的"分数"。教育的意义不再是个人素养的培养,而变成了在高考中得到好的分数。

分数这个苍白而单调的东西成了教学的最终意义,而"生产力"成了科技的意义,"效率"成了社会体制的意义,"赚钱"成了职业的意义,"快乐度"成了伦理行为的意义……这些现代性的状况不仅形似,而且的确是深刻地关联着,它们都归因于整个"实践知识"环节的失落。

余论：重审古代中国的科学传统

说了许多印刷术对欧洲科学的影响，不过我们也知道，中国古代更早就发明了印刷术和活字印刷，然而印刷术在中国却并未触发类似的科学革命。这是因为印刷术之于科学革命而言只是一种"媒介"，而并非充分的

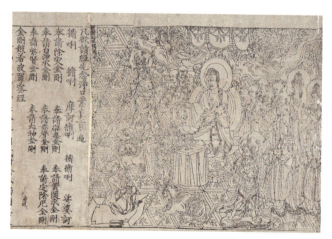

中国印刷术

敦煌出土的公元 868 年唐代的《金刚经》雕印本，是现存最早的印刷品之一。中国虽然独立发明了活字印刷术，然而直到近代，主要的出版物始终是雕版印刷。直到 18 世纪，中国一直保持着世界最高的出版量，甚至比所有其他国家加起来还多。

第三章 印刷术——科学革命的媒介

条件，中国古代并没有希腊式的求知传统和基督教的学术环境，当然不可能突然冒出西方那样的科学革命了。然而，中国古代的印刷术对于中国古代固有的学术传统又造成了怎样的影响呢？这方面的问题似乎尚未引起中国历史学家，特别是中国科学史家的注意。

中国古代的造纸术在汉末发明，继而就是玄学活跃，博物研究兴盛的魏晋时期；雕版印刷术与佛经汉译互相促进；而活字印刷及印刷工房的普及则与明清时期编纂类书和考据古籍的风潮相呼应。总之，与西方一样，媒介变革不可能与中国学术或文化的演进毫无关系，而其中究竟有哪些关联还有待学者们进一步考察。

但是中国科学史家常常会忽视中国学术的内在演变，因为研究中国科学史的传统方式只是拿西方现代科学作为标准，在中国古籍中找出那些符合现代科学的只言片语，然后得出许多诸如"中国人比西方人早多少年发现某某定理"这样的结论来自娱自乐。

这样的科学史是没有意思的,甚至用来满足虚荣心都不够——当我们津津乐道于中国古人的伟大成就时,我们马上就要面临下一个问题:这些成就为何都后继无人?为何比西方人早多少年发现这个那个定理的中国,在科学的发展上最终被欧洲人远远抛在身后?

若我们一味地按照现代西方科学的立场去看待中国

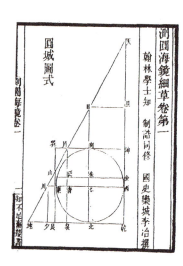

《测圆海镜》

李冶于公元1248年写成《测圆海镜》一书,其中系统地表述了用"天元术"(未知数方程的思想)求解几何学问题的方法,其成就之高远远领先于同时代的西方,但遗憾的是,也远远高于中国的后继者。到了明代,天元术几近失传,明代顾应祥撰《测圆海镜分类释术》时已经不明白天元术的意义,因此把立天元列方程的内容全部删去了。直至西学东渐,在西方数学的启示下,清朝学者才重新发现天元术的价值。

第三章 印刷术——科学革命的媒介

古代的成就，反而将错失中国古代学术的那些真正独特的地方。好比外国人乍看见黄种人，会觉得他们长得都差不多，而我们乍看见黑人可能也有这样的感觉。对越是异类的东西，我们就越是难以细致地区分，而只能笼统地概括一下轮廓。现在，我们过多地接受了西方学术的方法和概念，再回过头来看我们中国古代的传统，反而显得朦胧难辨了。

例如中国老一辈的史学家照搬西方人的分类法，把中国古代从秦到清的数千年历史统统归结为封建时代，讽刺的是，这一所谓封建时代开始的标志恰好是分封制的废除（而设立郡县制），这种生搬硬套不仅使中国古代史成了一笔糊涂账，也让人们觉得中国古代的社会结构仿佛自秦至清就一直没什么变化。

对于中国古代的学术传统，情况也是类似的，在西方的视角下，中国古代似乎一直都处于某种"前科学"的状态，没有任何持续的学术传统，更谈不上在这些学术传统中发生过什么变革。但实情未必如此。

中国始终没有形成西方式的"自然"概念——对本性的执著追求，以及一个独立自存的作为人类研究对象的"自然界"的观念。同时，中国的学术很少按照研究领域进行"分科"。因此中国难以形成西方这样的"自然科学"传统。但中国的学术也以自己的方式传承着，经学和史学都有悠久和持续的传统。特别是以"究天人之际，通古今之变"为旨趣的史学，不仅仅是简单的忠实记录的传统，而且也成为一种探求事物之理的研究方式。正如西方印刷术以来的"自然史"传统一样，中国的史学方法不仅被用于人事，也贯彻在对自然事物的归纳和描述之中。与西方相比，中国的史学传统既厚重又独特，是我们真正能够引以为傲的遗产，其意义远不限于为现代的历史学家提供丰富的史料。

延伸阅读

伊利莎白·爱森斯坦：《作为变革动因的印刷机——早期近代欧洲的传播与文化变革》，何道宽译，北京大学出版社，2010年。

——本章主要依靠的文献。这本书很厚，材料很多，引用并批评了许多历史学家，有时候显得姿态过于强硬。

麦克卢汉：《理解媒介》，何道宽译，商务印书馆，2000年；译林出版社，2011年。

——麦克卢汉振聋发聩地提出"媒介即讯息"这一洞见，媒介不只是传递讯息的中立管道，新媒介本身构建着新的文化环境。麦克卢汉的著作天马行空，而且与科学史并无直接关联，不过颇具启发力，本章的思路也受益于媒介理论的影响。

沃尔特·翁：《口语文化与书面文化——语词的技术化》，何道宽译，北京大学出版社，2008年。

——这本书讲的是口语文化到书面文化的变革，虽然不是针对印刷术，但谈论的是媒介变革造成的文化影响这一问题。

刘易斯·芒福德:《技术与文明》,陈允明、王克仁、李华山译,中国建筑工业出版社,2009年。

——本书有独特的视角和开阔的历史视野,以技术为线索的文化史,讲述机械的历史及其文化影响。特别是其中谈论钟表是工业时代的关键发明,发人深思。对印刷术也有较多评论。

玛丽娜·弗拉斯卡–斯帕达、尼克·贾丁主编:《历史上的书籍与科学》,苏贤贵等译,上海科技教育出版社,2006年。

——书史学家的科学史文集,收录了一系列文章。

戴维·芬克尔斯坦:《书史导论》,何朝辉译,商务印书馆,2012年。

——一部较新的著作,总结了近几十年来书史学研究的进展,包括但不限于印刷文化研究。

注释

[1] 培根:《新工具》,许宝骙译,商务印书馆,1984年,第117页,II-10。
[2] 玛丽娜·弗拉斯卡-斯帕达尼克·贾丁主编:《历史上的书籍与科学》,苏贤贵等译,上海科技教育出版社,2006年,第86页。
[3] 培根:《新工具》,第79页。I-101。
[4] 爱森斯坦:《作为变革动因的印刷机》,何道宽译,北京大学出版社2010年,第289页。
[5] 同上书,第290页。
[6] 培根:《新工具》,第99页,I-125。
[7] 爱森斯坦:《作为变革动因的印刷机》,第57页。
[8] 同上书,第302页。
[9] 同上书,第48页。
[10] 同上书,第118页。
[11] 同上书,第272页。
[12] 同上书,第269页。
[13] 同上书,第226页。
[14] 同上书,第387页。
[15] 同上书,第390页。
[16] 同上书,第387页。
[17] 同上书,第346页。
[18] 同上书,第68页。
[19] 同上书,第345页。
[20] 同上书,第352页。
[21] 同上书,第303页。

[22] 拉图尔:《科学在行动》,刘文旋、郑开译,东方出版社,2005年,第132页,第150页。
[23] 同上书,第164页。
[24] 同上书,第364页。
[25] 福柯:《词与物》,莫伟民译,上海三联书店,2001年,第171页。
[26] 芒福德:《技术与文明》,陈允明、王克仁、李华山译,中国建筑工业出版社,2009年,第124页。

第三章 印刷术——科学革命的媒介

第四章

牛顿力学
——机械世界的完成

自然和自然规律隐匿在黑暗之中，上帝说：让牛顿来吧，一切遂臻光明！

——亚历山大·蒲柏

牛顿不是理性时代的第一人。他是最后一位魔法师，最后一位巴比伦人和苏美尔人，最后一位像几千年前为我们的智力遗产奠立基础的先辈那样看待可见世界和思想世界的伟大心灵。艾萨克·牛顿，1642年圣诞节降生的遗腹子，是最后一位可以接受博士朝拜的神童。

——凯恩斯

物理学是数学的，这不是因为我们对物理世界知道得很多，而是因为我们知道得如此之少，只能够发现它的数学属性。

——伯特兰·罗素

1 机械学：为什么不是"恩培爱学"

我们已经谈过许多现代科学兴起的背景，是时候谈一谈现代科学的标志性内容了。我们知道，牛顿是科学革命的集大成者，牛顿力学是现代科学的标志和范本，本章就来谈一谈牛顿力学的来龙去脉。

古希腊哲学家恩培多克勒提出了四元素说，认为事物由土、水、气、火四种元素组成，元素本身是不变的，而"爱"与"憎"的力量让元素彼此聚合或分离，造成了各种运动和变化。

恩培多克勒的学说现在听起来显得荒谬幼稚，我们知道，在现代科学中，成功地解释了事物的运动的是牛顿的力学，而不是恩培多克勒的爱憎学。

牛顿
艾萨克·牛顿（1642—1727）

恩培多克勒

恩培多克勒（约前490—前430年），17世纪版画。
古希腊哲学家恩培多克勒生于西西里岛，像毕达哥拉斯那样，是一个集思想家与宗教领袖于一身的传奇人物。传说他最后跳入埃特纳火山口以向信徒们宣示他已成为不朽的神灵。

且慢，究竟"牛顿力学"与"恩培爱学"有何不同呢？

如果我们把牛顿力学体系中的"力"统统替换成"爱"，把F换成L，定义"1恩培"为能让1kg的物体产生$1m/s^2$的加速度的爱，于是我们不再说两物体之间有1牛的力，而是说它们之间有1恩的爱——经过这样替换后的"恩培爱学"与"牛顿力学"是完全等价的，解释现象的精确性毫无区别。

然而，尽管牛顿力学与恩培爱学在数学上是等价的，但在意味上显然不太一样，后者暗示了一个悲欢离合、充满感情的世界，而前者听起来冷酷无情。那么，为什么最终胜出的是牛顿力学,而不是恩培爱学或其他某人的某学呢?牛顿作出了怎样独特的贡献,力的概念又有何特殊之处呢?

首先需要注意的是,所谓"力学"(mechanics)在西方语言中其实是"机械学"。把"机械学"翻译为"力学"是否最佳并不是本章讨论的问题,无论如何,这一翻译提示出如下事实:"力"的概念确实成为了所谓"mechanics"的核心。即便说这个翻译事实上是错误的,但我们竟理所当然地接受了它这个事实更加值得深究。

无论是在中文还是西语中,"力"(vis / force)和"机械"(machine)从来就不是一回事,这两个概念既非同义,也非同源。中文中"力"的本义是"力气"、"体力"之类的意思,引申出"努力"、"费力"、"用力气推"等动作意象,再引申出权力、魔力、活力等意味;而在西文中,拉丁文vis是活力、生命力的意思,而force更偏重于压力、强迫等意思。至于机械(machine)一词从一开始也就是手段、工具、装置、设备的含义。

之所以说这么多,我希望提请读者注意这一点:力和机械这两个概念非但没什么亲缘,反而还有着互相抵触的意象。前者指的总是内在的、有生机的、带意志的东西,而后者指的总是外在的、冷冰冰的、实体性的东西。

第四章 牛顿力学——机械世界的完成

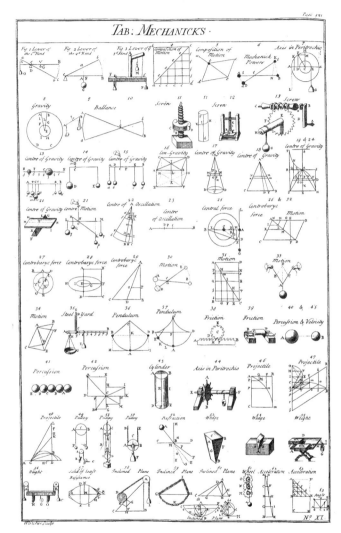

机械学

一部1728年百科全书中列出的"简单机械"。西方传统的"机械学"定义了六种简单机械：杠杆、轮轴、滑轮、斜面、楔和螺旋。复杂的机械可以还原为简单机械的组合，比如齿轮＝轮轴＋楔。在近代以前，机械学与研究"力"的自然哲学有着不同的学术传承。

既然"力"与"机械"如此不同，何以"力学"与"机械学"竟理所当然地成了同一个概念呢？这其中一定发生了某些奇妙和重要的事情，而这就是本章将要追究的问题。

在追溯历史之前，我们不妨先温习一下现代物理学中"力"的概念。

当代一部十分流行并广受好评的物理学通识教材中写道：

> ……把力定义为使物体加速的外界影响是很自然的。[1]

随后，作者作了一些进一步的澄清：

> 对力这个术语有许多错误概念，正像推动这个词一样，力是一个动作而不是一样东西，物体不能是力，也不能拥有力，力是一个物体对另一个物体做的某种事情，就像"推动"那样，一个物体能对另一个物体"施加一个力"。[2]
>
> ……注意，运动着的球并没有力，也就是说它并不"随身携带着力"，一个力就像是一次推动，你不能说球"具有推动"。[3]

简而言之，力是"并非由物体所具有的——导致物体加速的——外界影响"。如此的理解——正如后文将要提示的——绝非古已有之,而恰是现代科学的标志性的后果。正是从牛顿开始,这种意义上的"力"的概念才被确立起来,也正是这一概念的确立才使得当代意义上的"机械自然观"成为可能。

2 动力因:原因和力有何关系?

下面这项贡献经常被归功于牛顿:牛顿力学中把力看作运动变化的原因,而非运动的原因。牛顿认识到匀速运动是不需要原因的,而速度的变化,也就是加速度,才是外力导致的结果。相比而言,在亚里士多德那里,没有外力的物体将会静止不动,而运动总是有原因的。

但事实并不如此简单。显然,这一功劳不能由牛顿独占,牛顿之前的物理学家就已经逐渐发展了惯性和加速度的概念,牛顿只是集大成地把它们纳入严谨的数学体系之中。而且,更重要的是,即便是讨论以牛顿为代表的整个现代力学对古代自然哲学的革新之处时,诸如此类简单化的解释可能会让我们忽略牛顿力学真正革命性的地方,那就是概念体系和世界图景的变革,而不仅仅是具体结论上的差异。

例如,从"运动"到"运动变化",不仅仅是在同一个"运动"之后增加了变化一词,而且也包含着"运动"概念本身的变化。

在亚里士多德那里,"运动"这一概念大约就是"变化"的意思。亚里士多德区分了四种运动:位移、量变、质变和生灭。通俗来讲,运动指的是从潜能到现实的变化过程。但是就概念的定义而言,"变化过程"与"运动"是一个循环定义,"过程"本身需要"运动"的概念才能得以理解。运动首先应该是一种现象而非过程,而"过程"是通过对已完成的运动的反思重构而来的概念。

我并不打算在这里引入一个对亚里士多德哲学术语的学究式的考据,虽然这样的考据是很有意义也很有意思。简单地说,一个事物的运动是它"作为……的能力"的呈现。例如泥土可以在田野中作为泥土而呈现,而瓷碗可以在饭桌上作为瓷碗而呈现。泥土不是瓷碗,瓷碗也不是泥土。但瓷碗是由泥土做成的。也就是说,泥土具有"作为瓷碗"的潜能,瓷碗以泥土作为其质料来源。泥土不可能"是"瓷碗,但泥土可以"作为"瓷碗——依靠着经历塑形烧制的运动,依靠着匠人的作为。就泥土而言的"运动"也就是就匠人而言的"作为"。当匠人用泥土作着瓷碗时,我们看到的既不是作为泥土的泥土,也不是作为瓷碗的瓷碗,而是泥土能作为瓷碗的潜能,而这也就是"运动"。

匠人的"作为"大致就是瓷碗的"动力因"(Effect Cause),而匠人关于瓷碗的构思设计是"形式因"

（Formal Cause），而之所以制造瓷碗的"用处"是"目的因"（Final cause）。亚里士多德认为，与人工物不同，自然物的动力因、形式因和目的因都一并在自然物自身之内。自然物运动变化的本原在自身之内。

同一个"运动"包括施动者和被动者两个方面，前者拥有推动的能力，后者拥有运动的能力，前者发起"作用"，使后者"作为"某物而实现。亚里士多德说道："总括起来说，教和学或行动和遭受（主动与被动、推动与被推）不是完全同一，而是它们所赖以存在的那个东西——运动是同一个。须知甲在乙中向实现目标的活动，与乙靠甲的作用向实现目标活动在定义上是不相同的。"[4]

我们注意到，汉语译者又一次在"动力因"（Effect Cause）中，使用了"力"的概念。但此事同样令人费解："Effect"与力或机械都没有关系，它又是如何与"力"扯上关系的呢？同样地，无论这一翻译是对是错，人们能够轻易地接受它这一事实也暗示出某些值得深思的问题。

Effect有效果、结果的意思，但译成"效果因"恐怕也会让人费解——所谓原因不正是指导致结果的东西吗？那么其他三种原因与结果又有何关系呢？

我们之所以对亚里士多德的概念感到困惑难解，很大程度上正是因为我们现代人通常只懂得按照机械的位移来设想运动或变化，因此事实上只是在追问运动的机制问题，而不再关注有着更丰富层次的原因问题了。

我们不妨先回到"原因"的本义，来反省一下当人们追究原因时究竟在寻求什么。

在被引入哲学之前，"在希腊语中，用来说原因的那个词，其实是从法理语言进入到科学和哲学的词汇中的……在那个词的法律用法中，它指的本来是责任的所在。一起法律诉讼，总是由一种行为引起的。"[5]

当我们想要追究某个事情的"原因"时，回答可以在不同的层面上展开。例如追问"为什么张三死了"，可以有如下的回答：

《雅典政制》

亚里士多德所著《雅典政制》纸莎草书，失传千年后在19世纪末重见天日。该书记录了雅典的政治体制，特别是议事和法律等习俗。古希腊有深厚的法律传统，诉讼活动是政治生活中的重要部分。作为职业教师的智者们培养的学生也有许多以律师为业，例如传说中半费之讼的主角欧提勒士。另外，苏格拉底也死于雅典的民主审判之下。

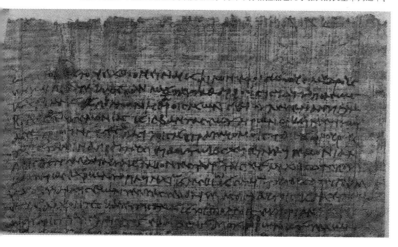

140

1. 形式因：事情是"怎样"的——因为被钝器击打，内出血过多而死。

2. 动力因：谁"作"了此事——因为李四打了他。

3. 目的因：作这件事是"为了什么"——因为这样一来他的钱就到了李四的兜里。

4. 质料因：这件事"怎么可能"发生——因为钝器有伤人的潜能，肉体有受伤致死的潜能。

这四个方面的"原因"互有关联，但又不能互相取代。对于一个事物（比如瓷碗）为什么产生，或者一次位移或变化为什么发生，也都有着类似的几个层面。其中"动力因"的确在某种意义上是最关键的一项，可以说就是狭义上的原因——"负责者（肇事人）"。

在这个意义上，原因的概念与力的概念有着某种源始的关联，并不是说和现代科学中作为机械学概念的力学有什么关联，而是与"力"这一概念最初也具有的拟人的意象有所关联——从一个人的"能力"、"力气"，到用力推拉的动作。因为动力因正是要追究这一"动作"，寻找那个"推动者"或者说"肇事者"。

科学史家库恩注意到了"原因"观念及其变迁在科学发展中的重要意义。库恩引用心理学家皮亚杰，首先对原因概念作了区分："我们必须在两个标题下考虑原因概念，即狭义的和广义的。我认为，狭义的概念最初来自一个主动的动因的自我中心观念，一个推或拉的人，发出一个力或显示出一种动力。它非常接近于亚里

库恩

托马斯·库恩（1922—1996），20世纪最重要的科学史家之一。最初库恩立志做一个理论物理学家，不过一次经历改变了他的学术道路：在他攻读物理学博士学位时，有一次被要求做一场物理学发展史的报告，为此他阅读了亚里士多德的著作，发现亚里士多德的物理学观点看起来非常愚蠢，但库恩并没有简单地嗤之以鼻，而是进一步思考：为什么像亚里士多德那样一位在当时拥有最杰出洞察力的思想家，偏偏在物理学方面表现得那么愚蠢呢？最后库恩发现，亚里士多德理论之所以让现代人感到不可理喻，并不是因为亚里士多德本人过于愚钝，而是因为其所处的时代背景有其独特的思维框架。库恩称之为科学的"范式"——在某一种范式下可以自圆其说的思路，在另一范式下可能就将变得不可理解。不同范式之间不仅仅是关于具体结论的主张各异，而是在更基本的科学对象的界定，科学问题的提问方式，对解答的评价标准等方面都旨趣不同，这造成了两种范式之间的"不可通约性"。库恩提出了科学革命和常规科学的阶段，科学革命时期体现为不同的范式之间展开竞争，此时并没有一个更高的标准能够对不同范式的优劣进行客观的裁决，胜出者往往凭借更多社会和文化的因素。而在常规科学阶段，科学共同体才能找到一些公认的规范来衡量科学的进展。

士多德的动力因概念，这一概念在17世纪分析碰撞问题时，首次在技术物理中显著地起了作用。"[6] 而广义的原因概念则是指"一般性的说明概念"，对于现代科学来说，就是以一组时间上在先的事件以及一组相关的自然规律通过演绎推论而说明某一个事件，说明项是因，而被说明项是果。[7]

库恩指出:"虽然狭义的原因概念曾经是17和18世纪物理学的极其重要的部分,但它的重要性在19世纪下降了,而在20世纪几乎完全消失了。"[8]

这究竟是怎么回事呢？后文试图提示:在原因概念的变迁中,牛顿的意义举足轻重。正是牛顿让"动力"亦即狭义的原因概念在科学中的地位达到了最高峰,而代价恰恰是这一概念本身的完全取消。同时,所谓广义的原因事实上不再能够蕴涵狭义的原因概念,原本意义上的"原因"已经不再能从现代科学的世界中找到了。

当然,在牛顿之前,近代科学的先驱者们早已对因果性等概念进行了各种审视和改变。科学史家伯特提到,开普勒"已经获得了一种新的因果观念,即他认为隐藏在观测事实背后的数学和谐是这些事实的原因,或如他通常所说,是这些事实何以如此的原因"[9]。不过,正如伯特随即所说的:"这种因果性观念实质上是用精确的数学重新解释的亚里士多德的形式因。"[10] 换言之,开普勒所做的无非也就是相比于动力因而言更加重视形式因的探求罢了,他并没有在根本上改变人们对动力因的理解,而且,开普勒的理念是基于对那位数学家上帝的信仰,也就是说,数学和谐是上帝如此创造世界的动机或目的。

倒是伽利略明确抛弃了对"为什么运动"的研究,而专注于用严格的数学方法来分析"如何运动"。但这

伽利略

伽利略（1564—1642），堪称近代科学之父，他除了在天文和物理学上有重要发现之外，他所贯彻的数理—实验方法更具有标志性意义。不过伽利略的实验主要还是思想实验，传说中的比萨斜塔上的铁球落地实验并非由伽利略所做。另外，伽利略还经常被描述为科学与宗教冲突的牺牲者，然而对他的审判和软禁除了针对其科学主张之外，一定程度上也是其糟糕的脾气以及政治斗争的后果。顺便提一句，另一位经常被描述为科学的殉道者的布鲁诺，其实是因为其异端的宗教活动，支持哥白尼学说只是其被罗列的无数罪状之一。

在软禁期间，伽利略仍继续研究，写成《关于两门新科学的谈话》一书，在这本书中伽利略系统地界定了速度、加速度和惯性的概念。

只是意味着在伽利略那里，"原因"无法被"数学化"地研究，但在那时，整个世界图景的数学化远远尚未完成，原因被排除在数学分析之外决不意味着它被彻底否定，后文还要提到这个问题——只有到了牛顿的力学之后，数学才最终吞并一切。

3 万有的定律：一切皆归自然

我们说到，伽利略用数学的方法研究如何运动的问题，事实上这一数学化的工作早在中世纪经院学者那里就已经展开了。"牛津计算者"对动力学与运动学作出了区分，例如"斯万斯海德明确区分了根据原因（推动力和阻力）和根据结果（一段时间内通过的距离）度量

第四章 牛顿力学——机械世界的完成

运动"。[11]

但在牛顿以前,数学化只局限于运动学,而对力或原因的追究始终没有被很好地数学化。相反,"力"总是带有某种神秘的、超自然的色彩。

例如在伽利略那里,原子的机械运动只是被设想为某种"次要原因",而首要的原因是隐藏在其后的某种神秘的力量,与上帝的施为有关。惠更斯、笛卡尔、莱布尼茨等机械论哲学家都以不同的方式谈论着"力",也做了一些数学化的努力,但他们心目中的"力"与牛顿力学不同,不是一种物体间相互外在的作用力,而是某种内在于事物内部的东西。在我们看来,他们谈论的力更接近于"动量"、"动能"之类,而且始终带有某些神秘的、活力论的意味。

霍布斯是一个例外,他完全拒斥对力或运动原因进

霍布斯

英国哲学家霍布斯(1588—1679)。霍布斯41岁时才第一次接触到欧几里得的《几何原本》,立刻为之着迷,此后他立志从几何学和机械学出发构建整个哲学体系,试图用机械运动来解释人的行为和国家的起源。他是近代最重要的政治哲学家之一。其唯物主义的自然哲学也影响巨大。

行研究。同时,我们知道霍布斯也是一个在当时非常少见的唯物论者和无神论者,这从反面印证了"力"的概念始终与超自然的神秘意象相关联。

机械论者最初也难免会用"物体内部的力量"的思路来理解牛顿提出的"引力"。因为机械论者所说的"活力"毕竟是靠碰撞接触才能起作用并互相传递,因此看起来还算不得神秘,但牛顿的"引力"却似乎可以超距作用,这让它显得尤其神秘。库恩评论道:"对大部分17世纪的微粒论者来说,作为一种内在吸引原则的引力概念看起来太像已被一致拒绝的亚里士多德的'运动倾向'。笛卡尔体系巨大的优点就在于它完全剔除了所有这类'神秘性质'。笛卡尔的微粒完全是中立的,重力本身被解释成碰撞的结果;这种远距的内在吸引原

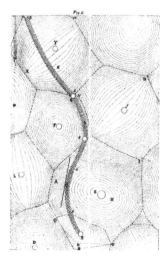

笛卡尔体系

笛卡尔的涡旋宇宙模型,试图用微粒的机械运动来解释引力的超距传递,笛卡尔体系中只有广延和运动,任何物体都由细小的微粒构成,而这些微粒只有空间上的形状大小(广延),而没有任何内在的性质或力量,牛顿的体系背离了笛卡尔的机械论,物质拥有了某些内在的能力(质量、惯性等),而且这些力量还会以非机械碰撞的形式发生神秘的超距作用。现代物理学中的"弦理论"在某种意义上就是笛卡尔进路的延续,试图用广延和运动解释一切。但这一貌似宏伟的进路是否会像笛卡尔体系那样无果而终呢?

第四章 牛顿力学——机械世界的完成

则的概念似乎是向神秘的'通感'和'潜能'的倒退，正是这些神秘的'通感'和'潜能'使中世纪科学如此荒谬。牛顿本人也完全同意这一点。他反复尝试去发展吸引力的机械解释……"[12]

因此，牛顿的巨著被命名为"自然哲学的数学原理"，他认为他所给出的只是对力的数学描述，但对于力本身的机制还尚未明确，但他不认为机械论哲学家已经给出了正确答案。牛顿的名言"我不杜撰假说"正是

《自然哲学的数学原理》

1688年出版的《自然哲学的数学原理》无疑是科学史上最重要的著作（也许没有之一），图为1726年的第三版，是牛顿去世的前一年，此时法国启蒙思想家伏尔泰正在英国流亡，伏尔泰与牛顿缘悭一面，但出席了他的葬礼并深感震撼，此后伏尔泰推动牛顿科学在法国的传播，并把牛顿神化为启蒙的英雄——牛顿作为宗教信徒和炼金术士的一面被掩藏起来，而苹果树下顿悟等传说则流行开来，和后世许多科学家一样，牛顿被塑造为理性精神的完美榜样。直到1936年，封存200多年的牛顿炼金术与神学手稿于英国索斯比拍卖行被公开拍卖，经济学家凯恩斯等人收购并解读了它们，最终一个完整的牛顿形象才逐渐被还原出来。当然，正如凯恩斯所说，讲述走下神坛的牛顿的有血有肉、充满矛盾的生活，并不会令他的伟大折损分毫。

针对那些随意揣测力的机制的机械论哲学家而说的，他绝不能容忍那些让上帝无所事事的机械论假说，他相信"重力的真正终极原因是上帝'精气'的作用"[13]。牛顿的上帝是始终有所行动的——不仅作为"第一推动"，而且时时刻刻都要推动这个世界。我将指出：这也许是"动力因"的最后一次"挣扎"——当牛顿在自然界中取消了"推动者"的地位时，他只有让超自然的上帝担任这一角色，从而让"原因"在上帝的意志中保留下来。而一旦上帝的工作被发现是不必要的，再也没有别的事物有资格担任"推动者"的角色了，动力因当然也就再也无处可寻，这是后话。

不过，为什么"力"这个概念容易与"超自然"或"神秘"挂钩呢？只是因为巧合或者只是因为科学家们最初未能成功地把它数学化吗？并非如此。事实上"力"与"超自然"或者"非自然"的联系是源始的。让我们回顾一下"动力因"的最初含义。动力因一开始就带有推动者、"肇事者"的意象。按照亚里士多德的自然哲学：如果一个事物处在其理应处在的自然位置，也就是当它不动不变的时候，对它的解释就不需要诉诸动力因，或者只需要诉诸其内在的动力因，这同时也是这个自然物的形式因或目的因；而只有当一个东西处在非自然的位置，它的行为才需要诉诸一个外在的动力因，即一个推动者来解释。比如说天界是永恒不变的，那么我们追问一颗恒星为什么在这里，我们就只需要给出一个形式的描述：给出恒星的运转规律和现在的时刻，就给出了充分的说明。但如果追问一颗足球为什么在这里，我们就需要找出一个"推动者"，找出是谁把它踢过来的。

考虑到"原因"一词的语源来自诉讼用语，我们就更容易理解了——只有当正常的秩序被扰乱时，我们才要去追问一个责任者。因此"力"从一开始就是特指对"反常现象"的解释。库恩也提到了这一点："与规律性不同，反常现象是用狭义因果性来说明。亚里士多德的物理学的相似性又一次引人注目了。形式因说明了自然的秩序，动力因说明了它与秩序的背离。可是，现在不规则性也像规律性一样，都在物理学的领域之内了。"[14]可想而知，当作为对秩序的背离的"力"本身被纳入"规律"之内，乃至成为一切规律的基础时，不规则性和规律性的界限立刻消失无踪。再也没有自然物与非自然物的区分。

我们在第二章说过，在上帝概念的帮助下，内在性和外在性的界限被打破了，自然界普遍服从于上帝的律法。现在我们在谈论的也是同一件事。事实上对于牛顿而言，上帝的概念并不只是一个可有可无的残余，而是一个必要的过渡。我们或许可以指出：以笛卡尔为代表的机械论科学之所以未能成功，恰是由于他们太过激进和超前，过早并过于断然地在科学中排除了超自然力的地位，只承认由物质和运动组成的——亦即一个机械和数学的——世界图景。但对"力"这一概念的轻率拒斥大大地阻碍了数学化的脚步。机械论的世界因此从未完成，神秘和超自然的力量始终能在缝隙中留存。对于牛顿而言，由于他更加保守的宗教信仰和更为显著的神秘主义倾向，他更易于接受"力"的概念，从而有可能一举完成将世界数学化的工作。但由于在此过程中，"力"的概念也同时被祛魅了，超自然和神秘在这个世界反而再也找不到容身之处，最后在上帝那里挣扎了一番后，终于随着上帝的离去而消失了。

4 相互作用：世界不动了

我们说到，牛顿的贡献在于动力学的数学化，在于集大成地提供了一套包罗万象的规律体系。但这是如何做到的呢？向来带有内在性和超自然意象的"力"究竟如何被严密冷酷的机械学纳入其中的呢？是牛顿真的洞悉了力的本质，还是要了某种暗度陈仓、偷梁换柱的障眼法？我们已经指出，牛顿力学中作为数学符号的"力"可以被等价地换成爱或任何其他事物。于是我们有理由怀疑：牛顿所谈论的"力"究竟是什么？它仍旧是古代自然哲学家所谈论的东西吗？

我们知道，牛顿的力学定律事实上在很大程度上是对伽利略、笛卡尔等前辈的继承和总结，惯性定律的类似表达也早已出现过。但还是有一些部分的确是牛顿独创的。例如科学史家I. B.科恩认为，在牛顿三定律中，"第三定律是牛顿最有独创性的一个"[15]。

牛顿的第三定律说的是：

> 每一种作用都有一个相等的反作用；或者，两个物体间的相互作用总是相等的，而且指向相反。[16]

这一定律看起来是如此简单浅显，它能有多大的意义呢？也许这正是该定律的第一个厉害之处——它显得如此自然、平淡无奇，以至于即便放在牛顿的时代，我猜也不会给读者带来什么惊天动地的感受，因此，它很容易被人不加批判地接受，连同其背后隐含的重大变革。

只有第三定律才首次明确地把"力"确定为"相互作用"，这一概念在牛顿之前，甚至就在《原理》对"外力"的定义中，都从未得到明确。

《原理》的定义4说："外力是一种对物体的推动作用，使其改变静止的或匀速直线运动的状态。"[17] 人们往往更容易关注这个定义的后半句，即"匀速直线运动"与"静止"在地位上相同，都成了物体的状态，这当然是一个最重要的变革。然而我们也不能不注意到前半句话，与后半句形成鲜明对比的是，前半句引用了一种最原始的思路：用"推动"来解释"力"。

为什么不用"影响"等更中性的词汇,而要采用"推动"这个原始的、拟人的概念来界定"力"呢?删去"推动"岂非更好?

在另一处,牛顿甚至宣称与其把向心力看成引力,"也许更准确地应当称之为推力"[18]。在其他地方,牛顿则"同时使用'引力'和'推力',甚至优先使用'吸引'"[19]。柯瓦雷注意到了这里的奇怪之处,他认为:"这说明在牛顿看来——他的机械论的论敌们也这样看——推力是唯一可以被接受的物理的力的作用方式,而且他本人也很明白使用'引力'这一术语所隐含的危险。然而如果按照'推力'一词的字面意思去理

柯瓦雷
亚历山大·柯瓦雷(1892—1964),俄裔法国哲学家,他曾在德国哥廷根随胡塞尔学习现象学,并随希尔伯特等学习数学和物理学,然后到法国随柏格森等学习哲学,在科学史方面的工作影响最大,被认为是"科学思想史"传统的开山祖师。所谓科学思想史或科学观念史,并不旨在罗列科学发现的年表和科学家勤奋好学的事迹,而是要把科学作为人类整体的一项统一的精神事业,研究其思想沿革的内在逻辑。科学思想史并不以当代人的眼光去列数前人的逐项贡献,而是试图回到古人的精神世界之中,去体会思想内部的张力。在其著作中,柯瓦雷为我们还原了一个个科学思想史中的发展环节,展示出古代思想家们丰富而又复杂交织的思想世界。柯瓦雷的治史方法影响了包括库恩在内的几代科学史家,尽管在20世纪后期遭到科学社会史等新的史学纲领的挑战,但其意义是不可动摇的。

解，危险也小不到哪儿去，因为它表明了一种真实的、物理的机械论：这太屈从于笛卡尔了。因此牛顿解释说，就像'引力'一样，我们也不应认为'推力'隐含了某种确定的物理含义：两个术语都应以一种纯数学的方式来理解……"[20] 在柯瓦雷看来，"牛顿一贯把引力与推力平行地看待"之后果是，"这只能给人造成一种印象，即他在这两种情形中所处理的都是类似的物理的力，即使他会漠视或把它们的物理实在抽象化，而只考虑数学方面"[21]。

然而牛顿的"引力"与传统的"推力"的区别决不限于前者是数学的而后者是物理的。更重要的一点是：前者是中性的、中立的；而后者则是拟人的、方向性的。前者是"相互作用"，而后者则不然。

说起"推动"，我们将会设想一个"推动者"和另一个"被推者"，一个"肇事者"和一个"遭受者"，这二者的地位绝不是等价的。前者主动而后者被动，前者在时间和逻辑上也都是"在先"的。我们提到过，在亚里士多德那里同一个运动现象包含两方面的活动——施动者的作为和被动者的作为某物而变化——"教和学或行动和遭受（主动与被动，推动与被推）不是完全同一的，而是它们所赖以存在的那个东西——运动是同一个。须知甲在乙中向实现目标的活动，与乙靠甲的作用向实现目标活动在定义上是不相同的"[22]。

在笛卡尔那里，"推动"的不对等关系仍是非常明显的:"当一个物体推动另一个物体时,它不能向另一方传递任何运动,除非它也同时失去了同样多的量;也不能从另一方带走(任何运动),除非它也同时增加了同样多的量。……我们发现一个物体是由于被其他物体所推动或阻碍,才开始运动或者停止运动的。"[23]虽然笛卡尔强调"等量"的关系,但这种关系毕竟是一种单向的传递——施动者失去力量,被动者获得力量。恐怕正是这种推动者与被推者地位不平等的思维定势,才导致了笛卡尔得出诸如"当一个物体撞上另一个更强的物体时,它不会失去任何运动;而当它碰到一个更弱的物体时,它失去的运动将与传给对方的一样多"[24]这样令人大跌眼镜的错误结论。

当牛顿把"推力"变成了"相互作用"时,"推力"中的传统动力因的残余力量就统统被驱逐出境,并且再也没有复辟的指望了!道理很简单,"因果关系"是一种不对等的关系。即便许多时候我们会说某两件事"互为因果",但这要么是指两个相伴相随的长期事件之间的互相促进,要么则是在两种不同的意义上谈论因果关系(例如一方面是动力因,另一方面是目的因),而不可能说两个东西"互为动力因"。于是,在时间上、逻辑上和本体论地位上都完全平等的两个东西的相互作用是不存在"动力因"的。"万有引力"无处不在,所有的物体在所有的时间都在以完全平等的方式不分先后地互相推动,谁是原因呢?

有人说现代科学只保留了动力因而抛弃了目的因，这其实是一种误会。事实上牛顿力学只是在"名义上"保留了动力因，但实质上却偷梁换柱地替代了它。打着"力"的旗号出现的数学算式，表面上似乎仍然在回答动力因的追问，但其实是答非所问了。我们可以找出某个系统在较早的A时刻的状态，按照物理规律推演一番，得出了这个系统在B时刻的状态，如此我们就找到了B时刻中事物为什么如此这般的"原因"了吗？看起来也许是这样，但事实上并不那么简单。首先，时间只是一个参数，A时刻未必一定比B时刻更早，完全也可以拿较晚时刻的状态来说明较早时刻的状态。其次，我们不知道究竟该追溯到哪一个时刻，1秒钟前的状态是原因吗？1分钟前呢？1年前呢？1亿年前呢？最后，如果这个系统是孤立的，那么对其中任一个时刻的全面描述就应该蕴涵其前后的状态，也就是说，对前一个时刻状态的描述无非也是对此时的事件之"如何发生"作了更细致的描述，而非解释"为何发生"的问题。例如问甲为何撞上乙，科学可以给出几秒钟前甲和乙的位置、速度和加速度，然后计算出几秒钟后他们会相撞，这给出了相撞的"原因"吗？还是说仅仅是对这一相撞事件本身进行了更详细的描述？就好比问"张三为什么死了"，回答说"十分钟前在十公分远处有一把刀正在以每秒十米的速度接近张三"，这无非是对张三之死的"怎样"进行了更细致的描述，甚至由于运动是相对的，我们说"刀子高速接近张三"和说"张三高速接近刀子"也是一样的。如果不能区分出主动和被动的双方，如果找不出"肇事者"，原因就无从着落了。

而对动力因的驱逐才是"目的"最终从现代世界中消失的要害所在。空间的无限化也许让人们在宇宙中迷失了方向，但尚不至于从根上把寄托"目的因"的可能性都清除了。然而，动力因的消失则非同小可。在前文我们看到，在最源始的意义上，"目的因"似乎是对一个有赖于动力因的"二阶问题"的回答——首先问"这是谁干"，然后才是问"他为了什么这样干"。而现在，动力因再也找不到了，那么目的因就岂止是找不到了，而且连对目的进行发问都成为不可能。

或许正是隐约意识到了某些严重的后果，牛顿本人务必要让上帝继续扮演"推动者"的角色。由于"力＝相互作用"这一新思维方式的确立，所有的自然物之间的关系都不可能是不平等的，再也没有哪个自然物有资格扮演"推动者"的角色。但无论如何，上帝总还是超自然的，他仍然保有"推动"的资格。但是随着上帝的退隐，随着"数学原理"的空前成功，这个世界就再也没有超自然的缝隙或暧昧的余地了。

"动力因"或者库恩所说的"狭义的原因概念"在现代科学乃至整个现代世界被驱逐究竟是好是坏？用"科学说明"来应付对原因的追问究竟是对是错？本书并不想作出评判。库恩倒是出乎意料地说道："从某种意义上说，说明模式中的革命甚至可以是倒退的。"[25]无论如何，这一场观念变革确实意义非凡，其后果不仅仅是新的力学体系，也展开了一种新的世界图景。在现代世界的图景中，一切都冷冰冰地摆在面前，事物相互外在，不存在内部或阴影。机械的世界无情地运转着，背后不存在神秘的活力或拟人的动机，目的和意义无处寄托。科学取代了宗教，力取代了上帝，而数字的算计取代了意义的追问。知识就是力量，科学就是生产力——"力"的逻辑支配了一切。

余论:"物质"的扩张

一方面"力"主宰了现代人的世界,另一方面,现代人的世界观也经常被称作"唯物主义"的,特别是在中国的环境下,"物质第一"是我们非常熟悉的一条信念。但这意味着什么呢?所谓的"物质"究竟是什么呢?

在今天,"物质"作为物理学术语,一种典型的理解是:"指任何具有质量、可以察觉和测量的东西,所有物质都是原子构成的,而原子则是由基本粒子构成的。"[26]在日常语言及哲学讨论中,"物质"经常与"精神"、"思想"相对,与"实体"、"客观"等概念相近甚至混用。但是,我们有时是在讨论"物质"的性质,例如"物质具有客观实在性"、"物质由原子组成"等等(显然不能把"客观实在"之类的描述作为"物质"的定义,否则说"物质是客观实在"就只是同义反复);有时则是把"物质"作为一种"性质"以谈论"其他"东西,例如"世界的本原是物质"、"物质是第一性"等等。那么,我们所谈论的"物质"究竟是什么呢?

第四章 牛顿力学——机械世界的完成

"物质"一词最早并不是与"精神"对立地出现的,最早与"物质"相对应的概念包括"运动"、"现实"、"形式"等等。

人们所看到、听到、感触到的事物总是变化多端的,然而既然是同一些事物的变化,便意味着在这其中必定有某种不变的东西。而这种作为事物变化的基底的东西,就是万物的"本质"——这也是今天所谓"物质"的基本含义。但现代"物质"的客观性、实在性等却不属于古希腊人的观点。即便说"物"在直观上是有可感的、可知的、实在的等意义,但这并不代表"物的本质"也必定具备这些特征。

直到亚里士多德,才开始使用与现代概念相近的"物质"一词,但他指的其实是质料或材料。他将"质料"与形式、动力、目的等概念并列,并经常与"潜能"等同[27],将其看作是事物变化的四种原因之一。但亚里士多德的物质观却与现代人截然不同。在亚里士多德那里,物质是"不可感不可知的",因为感觉所感触的是结合在物质中的形式,理智则可以认知未结合在物质中的形式,而没有形式的纯物质,也就是尚未实现的纯潜能,是完全潜隐不显的,因此不可感知。总之,我们能形成明确的知识的东西都是形式,而形式恰恰不是物质。[28]

亚里士多德说到:"关于物质我指的是那种自身既没有质,也没有量、也没有事物得以被确定的任何属性。"[29]这与现代人所理解的"物质是质量统一体"[30]形成鲜明对比。

在这里,"物质"这一术语似乎是一个矛盾,我们知道,存在的"可知"是亚里士多德最基本的信念。然而,为何"物质"竟是不可知的呢?

事实上,亚里士多德并没有将"物质"看作万物的"本体",他认为"这是不可能的"[31],在他看来,事物的本体具有独立性和个别性,只有"形式"才能赋予某事物作为某事物的独特属性,而质料只是把这些属性现实地呈现出来所需的材料,本身并没有什么个性。

第四章 牛顿力学——机械世界的完成

也就是说，亚里士多德的"物质"只是在构成万物的"材料"这一意义上与现代的概念相似，而现代原子理论、电子理论等所谈论的万物的本体，根据亚里士多德看来，那些对各种各样的结构和节律运动的描述"都是一种形式理论，根本不是物质理论"[32]。

亚里士多德的"物质"概念意味着世界在"可知"的部分之外，在能被确定地、现成地把握的外观之外，还存在着某些不可见的、不确定的内涵。而这种内涵正是"变化"之所以可能发生所基于的"潜能"，或者说"可能性"的维度。而我们提到，现代人的世界已经"不动"了，这种不确定性的潜能概念自然也就不再需要了。我们提到，现代人打破了内在性和外在性、自然与非自然的界限，于是，物质与形式也逐渐被混同了起来。

在"物质"的概念与"形式"逐渐被混合的同时，"精神"开始成为与"物质"相对立的概念。笛卡尔的心物二元论标志着这两个概念的决裂。这一决裂的肇始者同样是世界图景的数学化。其中的道理简单来说就是：精神、心灵、意识之类的东西是难以数学化的。随着"物质"与"精神"划清界限，客观性、实在性、被动性等逐渐成了"物质"的当然属性。

力学的崛起与物质的扩张在最初是有某些矛盾的，因为神秘的"力"似乎并不是一种物质。直到法拉第的"场"的概念才解决了这一冲突。法拉第认为物质是由力场组成的，而后人更倾向于认定力场也是一种物质。到了20世纪，"力"更被解释为"费米子"之间交换"玻色子"，"物质"与"力"之间的差别仅仅是自旋数为半整数与整数的差别，"力"和"物质"的概念最终也走到了一起。

随着科学的进一步发展，能量、光、波动、虚空、精神等曾经与"物质"相对的概念逐个被收归其中，一切事物都可以用"物质"去理解。"物质"的"扩张"使其地位被"神化"。与中世纪人们坚信"上

第四章 牛顿力学——机械世界的完成

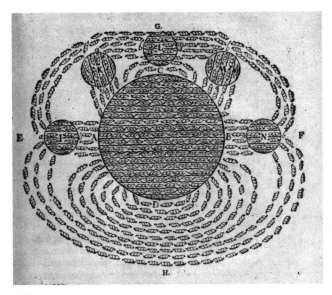

力场

图为笛卡尔所绘"磁感线"。笛卡尔就试图用物质微粒的运动解释磁力现象，但停留于想象而未能数学化。直到法拉第的后继者麦克斯韦用卓越的数理才能完成了电磁学的科学化。

帝无处不在"相似，在现代，物质无处不在："物质是世界的唯一本原。世界上除了物质以外什么也没有。"[33]

既然"世界上除了物质以外什么也没有"，我们丝毫不用为那最后的一个概念——"目的"——最终也被"物质"所吞并感到意外。宇宙本身看来是毫无意义的，而人生的"目的"除了"物质"还可以是什么呢？世界上除了物质再无别的东西啊！于是，人类最"高"的理想也只能是"发展生产力"；而更多的人则迷失于物欲和享乐……

这真的是不可避免的吗？我们应该去重新审视"物质观"的发展过程——"物质"概念的每一次扩张都是绝对必然的吗？将"质料"与"形式"混同起来一定是合理的吗？将"物质"与客观实在等同起来又一定是正确的吗？

无论如何，我们现在所崇拜的"物质"概念并不如我们想象得那么清晰明白。我们经常拿"唯心主义"与

"唯物主义"相对立。但所谓唯心主义（idealism），原意是观念论，而我们现在所谈论的可知可量的物质和力，在古希腊哲学家眼中恰恰是一种"形式"的东西，换言之，就是观念的东西。

延伸阅读

埃德温·阿瑟·伯特：《近代物理科学的形而上学基础》，张卜天译，湖南科学技术出版社，2012年。

——伯特的这本著作是科学思想史的经典，但也适合一般读者阅读。在某种意义上，可以把这本书看作一部哲学史，而伯特的着眼点正是近代哲学史中所谓"认识论转向"的来龙去脉。他指出，要理解这种哲学转向，不但要考虑笛卡尔、休谟等传统哲学史中的人物，还要考虑伽利略、牛顿等科学家的工作。现代科学的发展背后蕴涵着形而上学观念的转折。

托马斯·库恩：《必要的张力》，范岱年、纪树立等译，北京大学出版社，2004年。

——库恩的《哥白尼革命》已经在第一章推荐过了，这本《必要的张力》是一部论文集，收集了一系列关于科学史问题和编史学的论文，包括本章引用的关于因果性问题的讨论。

亚历山大·柯瓦雷:《从封闭世界到无限宇宙》,张卜天译,北京大学出版社,2008年第2版。

——柯瓦雷是科学思想史的开山宗师,奠立了一种独特的编史方式。他的著述包含大量对当时科学家原著的引用,读起来比较艰难,普通读者或许会望而却步。不过对科学思想史有兴趣的读者不可不读。柯瓦雷的《牛顿研究》与本章的关系更近,但这本《从封闭世界到无限宇宙》主题更鲜明,线索更清晰些,更适合初学者进入。

注释

[1] Art Hobson：《物理学的概念与文化素养（第四版）》，秦克诚、刘培森、周国荣译，高等教育出版社，2008年，第72页。

[2] 同上。

[3] 同上书，第73页。

[4] 亚里士多德：《物理学》，张竹明译，商务印书馆，1982年，202b21。

[5] 《西方大观念（第一卷）》，陈嘉映等译，华夏出版社，2008年，第120页。

[6] 库恩：《必要的张力》，范岱年、纪树立等译，北京大学出版社，2004年，第21页。

[7] 同上。

[8] 同上书，第26页。

[9] 伯特：《近代物理科学的形而上学基础》，张卜天译，湖南科学技术出版社，2012年，第47页。

[10] 同上。

[1]1 张卜天：《质的量化与运动的量化——14世纪经院自然哲学的运动学初探》，北京大学出版社，2010年，第150页。

[12] 库恩：《哥白尼革命——西方思想发展中的行星天文学》，吴国盛、张东林、李立译，北京大学出版社，2003年，第251—252页。

[13] 柯瓦雷：《从封闭世界到无限宇宙》，张卜天译，北京大学出版社，2008年第2版，第212页。

[14] 库恩：《必要的张力》，第26页。

[15] I. B. 科恩：《牛顿革命》，颜锋、弓鸿牛、欧阳光明译，郭栾玲校，

江西教育出版社，1999年，第192页。

[16] 牛顿：《自然哲学之数学原理》，王克迪译，袁江洋校，北京大学出版社，2006年，第8页。

[17] 同上书，第2页。

[18] 柯瓦雷：《牛顿研究》，张卜天译，北京大学出版社，2003年，第149页。

[19] 同上书，第151页。

[20] 同上书，第149页。

[21] 同上书，第151页。

[22] 亚里士多德：《物理学》，202b21。

[23] 柯瓦雷：《牛顿研究》，第76页。

[24] 同上书，第80页。

[25] 库恩：《必要的张力》，第29页。

[26] 安纳-露西·诺顿：《哈金森思想辞典》，傅志强译，江苏人民出版社，2006年，第305页。

[27] 参考柯林武德：《自然的观念》，第110页。

[28] 同上书，第109页。

[29] 亚里士多德：《形而上学》，1029a20；此处参考《自然的观念》中的译文。

[30] 例如萧焜焘：《自然哲学》，江苏人民出版社，2004年，第86页以下。

[31] 亚里士多德：《形而上学》，1029a27。

[32] 柯林武德：《自然的观念》，第109页。

[33] 李达主编：《唯物辩证法大纲》，人民出版社，1978年，第164页。

第五章

科玄之争
——科学时代的人文教育

启蒙就是人类脱离自我招致的不成熟。不成熟就是不经别人的引导就不能运用自己的理智。如果不成熟的原因不在于缺乏理智,而在于不经别人引导就缺乏运用自己理智的决心和勇气,那么这种不成熟就是自我招致的。

——康德

教育是帮助被教育的人,给他能发展自己的能力,完成他的人格,于人类文化上能尽一分子的责任;不是把被教育的人,造成一种特别器具,给抱有他种目的的人去应用的。

——蔡元培

教育不是注满一桶水,而是点燃一把火。

——叶芝

1 启蒙：追求现代化

牛顿力学取得了空前的成功，伟大的科学时代从此拉开了帷幕，科学不再只是远离现实的空谈玄想，而逐渐获得了改天换地的力量。人类对自身理性能力的信心日益增强。再加上印刷术让知识得以不断积累，"进步"的信念也逐渐确立，欧洲人逐渐相信自己生活在一个名为"现代"的新时代中。

崇尚科学

路易十四参观科学院（1671年）。17世纪起，科学的力量得到展现，逐渐成为一种上流社会的时尚，乃至被整个时代所崇拜的东西。

第五章 科玄之争——科学时代的人文教育

"现代"一词不仅表示"此时",而且还昭示这一断裂——与"古代"相决裂。这种时代感是"现代人"所特有的。古代人往往没有鲜明的时代意识,或者自以为生活中一个相对没落的时代,只有现代人如此明确地与古代诀别。

但"现代"又始终是一个将来时,也就是说,现代一方面意味着弃绝过去,另一方面也意味着对未来的期盼。这也就是为什么会有"现代化"这样的概念。城市

启蒙时代

《百科全书》中的一幅版画,真理女神在画面中绽放光芒,启蒙(enlighten)本义就是带来光明。在真理右侧的是"哲学"和"理性",他们正在揭开真理的面纱。

启蒙思想家像信徒那样崇敬知识的力量,又以传教士般的热情传播知识。由狄德罗主编,达朗贝尔、伏尔泰、孟德斯鸠、卢梭等一百多位启蒙思想家参与的《百科全书》的编纂和发行是整个启蒙时代的标志,

化和工业化往往被看作进入"现代"的标志，但这并不是"现代"最基本的意涵。现代人把自己与古代区别开来的基本标志首先是理性，是现代科学提供的文明教化把现代人与愚昧、迷信的中世纪区别开来。

18世纪的欧洲进入"启蒙"的时代，"启蒙"不只是一场"运动"，而是一种时代精神，严格来说"现代"自此才开始。但启蒙思想家把科学革命时期，特别是牛顿前后的科学家也追认为现代人。对"中世纪"和基督教经院哲学的黑暗想象与对牛顿的神话也都要归功于启蒙思想家。牛顿身上作为炼金术士和宗教信徒的那些面相被选择性地遗忘了，纯粹而完美的"科学"形象被树立起来。

"启蒙（Enlightenment）"就是"使光照"的意思，启蒙思想家致力于让理性之光照亮所有人的心灵，从而让人类摆脱愚昧走向文明，摆脱权威和迷信走向独立和自由。

启蒙在某种意义上是一种过分天真的理想，人们破除了古代的权威，但又树立起新的神话。例如对进步和对科学的迷信，自然失去了神秘和神圣的光环而变成任人肆意开发的资源，人们过分崇拜改造自然的力量却不知节制……但追本溯源来说，启蒙首先是对人类思想自由的确认和解放，现代的教育体制和民主制度都是启蒙的后果。

可惜的是，启蒙思想对于中国人来说，起作用的更

第五章 科玄之争——科学时代的人文教育

多的只是其狂妄和迷信的那一部分——崇拜科技，迷信进步，歌颂力量，但是其思想解放的那一部分意义却被忽视了。从我们所说的"四个现代化"之类的概念中就能体会到，所谓"现代化"只是"发达"的代名词。

"救亡压倒启蒙"是西学东渐时期的基本状况，学习科学只是出于救国、强国，也就是追求"发达"的迫切需求，这使得中国人忽略了启蒙的教育意涵和西方科学的文化面相，而更多地把科学视作坚船利炮，视作强国的工具。这种偏差从一百多年前起就开始了。

本章将略过欧洲的启蒙，要谈一谈中国的"启蒙"，谈一谈现代科学在中国的文化境遇。

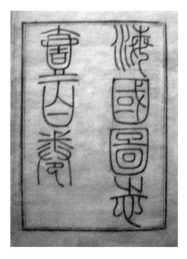

《海国图志》

1843年出版的《海国图志》，提出了"师夷之长技以制夷"的口号——夷之长技有三：一战舰，二火器，三养兵练兵之法。可见早期传教士的努力并没有成功激发中国士人对科学求知的自发热情，中国人开始主动向西方学习时，首先关注的只是其坚船利炮的器物层面。

2 教育问题：科玄之争的定位

20世纪20年代，张君劢的一篇《人生观》的演讲挑起了一场文化界的大争论，史称"科玄之争"，是中国现代化进程中影响深远的一次标志性事件。

论争双方分成两大阵营，一方有张君劢、梁启超等人，主张科学不能解决人生观问题，另一方以丁文江、胡适为首，把张君劢等人斥作"玄学鬼"，反驳他们的观点。后来陈独秀代表唯物史观的立场加入争论，两边都加以批评，但基本上还是偏向"科学派"。

关于这场科玄之争，从当时思想界的反响来看，胜出的似乎是科学派。而近年来学者们对这段历史也有过许多新的反思，对张君劢等人也给予了许多新的

张君劢

张君劢（1887—1969），新儒家的代表人物之一。曾在日本早稻田大学攻读法律和政治学，并结识梁启超。1913 年赴德国柏林大学攻读政治学博士，1918 年又随梁启超、丁文江等游学欧洲，在德国学习哲学。在政治方面张君劢亦非常活跃，他曾组建国家社会党，标榜"国家社会主义"，主张"绝对的爱国主义"、"渐进的社会主义"、"修正民主政治"，曾代表中国出席联合国国际组织会议，任联合国宪章大会组委员，代表中国签署联合国宪章，他还主持起草了《中华民国宪法》。后不满蒋介石违背宪法，但也不支持共产主义，晚年周游海外各国，讲演儒家思想，1969 年于旧金山病逝。

评价。但许多反思都没有注意到这场争论的基本背景——不是中西之争，也不是古今之争，更不是什么科学与反科学之争，这次争论毋宁说是在启蒙进程中的教育理念之争。

科玄之争中的各派主将都是"新文化"的鼓吹者，都认为中国传统的礼教思想已经不能适应于当前的时代，必须要向西方文化和西方科学学习。科学派固然如此，玄学派也是同样的。比如张君劢明确认为中国传统的家族主义伦理已不适应今日之社会，更不用说独断专制的政治传统和缺乏逻辑的学术传统。[1]而要建设"明日之中国文化"，则必须取法西方的文化，引入科学的精神。张君劢说："西洋道德之可贵，在乎个人之自尊自立，不依赖家族；在乎人民爱国心之强烈，无可畏惧；在乎个人之互相合作，绝不自以为是……"这些都是"吾人所当效法者"[2]，而"科学"更是"救国之良药"："世界人类既因科学进步而大受益处。尤其是中国几千年来不知求真，不知求自然界之知识的国民，可以拿来当作血清剂，来刺激我们的脑筋，赶到世界文化队里去。中国惟有在这种方针之下，才能复兴中国的学术，才能针砭思想懒惰的病痛。"[3]

有不少学者把以斯宾格勒《西方的没落》和梁启超《欧游心影录》为标志，第一次世界大战之后的某种对欧洲文明的悲观情绪看作是"科玄之争"的时代背景，这也许不错，然而这至多是科玄之争的某种社会心理之

斯宾格勒

斯宾格勒（1880—1936），德国哲学家和历史学家，其名著《西方的没落》于1918年出版，此时正好是一战结束，人们对西方文化的反思和忧虑日益增多，以至于这本极富思辨色彩的大部头著作竟成了一时的畅销书，对欧洲学者和中国启蒙思想都产生了长远的影响。斯宾格勒把"文明"看作一个个有生命的机体，每一个文明都有其生、老、病、死的成长阶段，而西方文明正处于衰亡之阶段。

张君劢对此书的态度颇为微妙，一方面，他对此书非常重视，在文明和历史观念方面也受其启发；但另一方面，他认为此书可能对中国思想界带来不良影响，因此劝告他人不要翻译此书。他认为此书一旦翻译过来，必定要助长傲然自大之念，削弱国人对欧洲科学与社会文化的虚心求学之意，让中华文明的复兴因此阻迟。

背景，而并不是学理方面的缘起。张君劢非但从没有贬低欧洲文化，更是反感这种做法，他说道："吾国今日处于救死不暇之地位，自不必以议论他人之长短为事，自不必高唱欧洲衰亡之论，但问吾人如何采人之长以补己之短，此吾所望于国人者也。"[4]

张君劢提倡的"玄学"，也不是要拿某种古代的、东方的思想出来弘扬，来搞一个"东方之玄学＋西方之科学"这样一种"中体西用"的结合。他明明说："假定国内有人认为我国的文化尚还能保持其四千年来之继续性，这观念是完全错误的。因为欧亚交通以后的中国文化，与欧亚交通以前的中国文化，其间免不了一条很深的裂痕。太极图也理气也阴阳五行也，已不足为今后哲学之基础。惟有从原子电子中，从生机力与突变之中，乃能求到自然哲学之基础，惟有团体生活民族生活之中，方能得到社会科学之基础。"[5]

总之，张君劢发起科玄之争，其焦点并不在于要不要现代化，要不要向西方靠拢，要不要学习科学；而是在于如何来进行现代化，如何学习西方，如何理解科学的地位。张君劢强调的是，要学习西方文化，要发展科学，不能只注意表面的科学知识和科学方法，更需要追究西方现代科学之所以可能的精神渊源。张君劢后来的讲演中多次提到"国际联盟知识合作社"的"教育专家委员会"发布的《中国教育改造报告书》，报告书指出中国教育者对西方科技的理解不够深入，张君劢引用报告书中的提示："今日之欧美，非近代科学与技术所产生；反之言之，惟有欧美人之心思，乃以产生近代科学与技术，且抬高此二者以达于今日之程度。在近代科学与技术发达之先，尚有若干时代，如文艺复兴，如理性主义与惟心主义时代，此各时代中欧洲人对于自身发展之可能，有所醒觉，且甘受一种理智的训练……"[6]

那种"对于自身发展之可能有所醒觉"的诸时代，换言之，实在就是启蒙思想家心目中的"现代"。而"理智的训练"，指的正是西方科学的"文化"一面，在这里我们发现，科玄之争中张君劢所诉求的，正是某种启蒙教育。

我们通常把五四新文化运动比作中国的启蒙运动，理性之光让人类从愚昧走向开明，科学的力量让人类不断进步，类似的信念也正是科玄之争的学者们所共享的。可以说，"启蒙"正是当时那些学者们共同的使命。

然而，正如西方的启蒙时代绝非铁板一块步调一致，狄德罗、达朗贝尔、伏尔泰这些启蒙运动的主将之间也有着各种矛盾，更不用说批判进步的卢梭等等。在中国的所谓启蒙运动之中，见解各异、流派纷呈的局面是不足为怪的。梁启超、胡适、陈独秀，包括张君劢等，都可算是中国的启蒙家，他们思想中的某些冲突，也恰恰是"启蒙"本身所蕴涵的张力的反映。

3 启蒙教育：自由的培育

"现代"以"启蒙"为本源，而"启蒙"又以"教育"为根本——把民众从蒙昧引向理性，岂不就是"教育"的事务吗？在我们今天的日常语言中，"启蒙"一词主要都被用作"幼儿教育"或"入门教育"的代名词，这也是毫不奇怪的。

如此，我们就容易理解，为何张君劢所发起的争论，虽然很少专门谈论具体的教育问题，但却多由教育问题而发起。"科玄之争"发起于大学讲演中对学生的忠告，后来对于科学与哲学之联系的相关讨论，也常常围绕着那篇《中国教育改造报告书》，或者受到某些教育问题的激发。例如张君劢在报纸上阅读了《中国教育需要一种哲学》、《中国教育所需要的哲学应该如何产生》等文章后,发表了"中国新哲学之创造"的讨论。

但"启蒙"并不等于"教育",而是关系到某种特定的教育,即把人从一窍不通、茫然无措的状态引向某种能够开始独立的、进阶的学习的使人"开窍"的教育过程。一旦你已经了解了你所学习的东西,知道了学习的方法和门径,那么再教你进一步精深下去,就不叫"启蒙",而完全无知、找不到方向,根本不知道怎么前进的人,就需要去"启蒙"。成熟的人可以独立自主地进行学习,教师无非是向学生提供学习的资料,而学生自己知道如何去对待这些资料,一旦学生获得了这样的自主性,"启蒙"就算完成了。换言之,"启蒙"的教育就是"独立人格"或"自由思想"的传授。

康德在一篇著名的征文中回答了启蒙是什么的问题:"启蒙就是人类脱离自我招致的不成熟。不成熟就是不经别人的引导就不能运用自己的理智。"[7] 与康德同时的另一位征文的参与者赖因霍尔德认为启蒙"意味着从能够具有合理性的人当中制造出理性的人"[8],如此说来,启蒙就是要"引导"人们最终脱离引导,形成成熟和独立的人格。换一个词来说,大概就是"人格教育"或曰"育人"。

我们注意到,这种教育理念是西方文化中一脉相承的,从古希腊学园的数学教育,到中世纪大学的自由七艺,再到启蒙思想家推动下缔造的现代教育体系,其首要的任务都不是具体知识的传授,而是"自由"的引发。然而，自牛顿以后，现代科学的形态和地位都发生了翻天覆地的变化，一方面，现代科学所揭示的机械论的世界图景抽空了价值和意义，另一方面，日渐专业化的现代科学逐渐与哲学、神学和其它所谓人文学科分道扬镳，"知识"的概念从"不可学的、理论的（静观的）、自然的（关注内在性的）"转变为"可学的、制造的（模仿的）、机械的（指向外在目的的）"，也就是说，科学与技术合为一体，求知与求利/求力趋于一致，源自自由技艺的西方科学也逐渐演化为一些单纯的技术性知识的传授。在这种状况下，现代化的科学专业教育似乎已经不再能够承担"育人"的人文使命了。

科学与人文的对立对于中国人而言影响更大。因为在西方虽然也存在科学与人文相背离的状况，但由于西方文化历来崇尚自由，无论是在课内还是课外，自由的氛围在许多方面仍然延续了下来。但在中国，由于原本就缺乏自由的文化环境，同时又只注重引入现代科学的作为技术和力量的那一面，因此科学与人文的冲突在中国就变得更为显著。

20世纪初，中国的一些有识之士逐渐意识到了教育问题的重要性，教育的意义已不再只是"师夷之长以制夷"，而更是转向了"国民人格之培养"的诉求，教育者的理念从洋务运动时期单纯的技术传授转向了启蒙的理念，亦即开始重视自由、独立的人格培养。但"救国"的逻辑仍然占据上风。蒋梦麟在1918年说道：

第五章 科玄之争——科学时代的人文教育

蒋梦麟

蒋梦麟（1886—1964），中国近代著名教育家，曾师从杜威学习哲学和教育学，1919年起于北京大学教育系任教，在蔡元培任校长时经常代为处理行政事务，并三次代行校长职权，1930年至1945年正式出任校长职务，是北京大学史上任期最长的一位校长，自嘲为"北大功狗"。蒋梦麟曾任民国教育部长，1949年后赴台，以至于他在北京大学以及中国近代教育史方面的地位长期遭到忽略。

"中国处此过渡时代，国民无积极的标准，乏独立之思想，上下疑惧莫知适从。国内外士夫，咸抱教育救国之义。教育之重要，人人知之，可无庸作者多言。"[9] 到了1935年，张奚若在《国民人格之培养》一文开头就说："凡稍有现代政治常识的人大概都听见过下面一句似浅近而实深刻的话。就是：要有健全的国家须先有健全的人民。"[10]

而无论是启蒙还是救国，国民人格之培养终归是教育的主题。所谓"人格之培养"，再换一句话来说，岂不就是"人生观的树立"吗？这就是提出"人生观"问题的背景了。

张君劢并不是第一个把人生观问题提上台面的学者，早在五四运动前一年，《新青年》就发行了"生存问题"专号，"按陈独秀的说法，它的目的是在权衡种种流行的世界观，从而指出一条最符合今日中国需要

《新青年》

《新青年》杂志，1915年陈独秀在上海创刊，初名《青年杂志》，提出启蒙之口号："国人而欲脱蒙昧时代，羞为浅化之民也，则急起直追，当以科学与人权并重。"1916年第二卷改名《新青年》。

的途径"[11]。五四运动的主将罗家伦在1919年12月写道："真正的思想自由，是不但每人自己能做充分的思想，并且要每个人能把充分的思想发表出来……首先改革人生观，以科学的精神，谋民治的发展。"[12]

救国要求现代化，现代化要求启蒙，启蒙要求教育，而教育要求人生观。这条逻辑线索暗示了张君劢等人关注的焦点为什么会集中到人生观问题上来。

教育是引导人成为人的手段，而关于人应当成为怎样的人的观念，与教育的方法是一致的。张君劢说："人类之于学问也，每好以学问为手段，以辅助其人生上之目的。而辅助之法，莫如教育。于是有科学玄学之实用的价值问题。换词言之，即其在教育上之位置如何……教育之方法，无论或隐或显，常以若干人生之理想为标准，标准定而后有科目之分配。"[13]

参与科玄之争的教育家瞿菊农也认为："我们以为人生的理想便是教育的理想。理想的教育的实现，便是理想的人生实现。人生的各方面便是教育的各方面。"[14]

张君劢在清华讲演"人生观"的第一句话便说："诸君平日所学，皆科学也。"[15]而在张君劢看来，人生在世不全是只有科学的方面，而是"计有五方面：曰形上，曰审美，曰意志，曰理智，曰身体。"[16]因此"教育之方针，可得而言"，即不能只关注理智和身体的方面，而应加超自然之条目、艺术之训练、发扬自由意志之大义……[17]

既然由教育的理念而定人生观，反过来说，人生观的分歧亦反映着对教育的不同理解。在张君劢等人那里，教育的宗旨在于培养高扬"自由意志"的独立人格，而只有拥有独立人格的现代人，才有可能去冲破既有的标准，树立起新的文化。然而另一些科学派的学者却绕过了"自由"这一环，直接把教育当作冲破既有标准、树立新文化的手段。在他们眼里教育与其说是诱发、引导的工作，不如说是一种宣传、模仿的工作，把正确的观念传达出去让人接受就是成功了。例如胡适"深信宣传和教育的效果可以使人类的人生观得着一个最低限度的一致"[18]。胡适、丁文江等强调科学教育能够培养人们诚实、理性、冷静、敢于批判等品性，但却几乎不提"自由"的概念。这种教育理念我们现在的中国人也很熟悉——教育的旨趣是人材而非人格的培养。而这正是张君劢等人反对的关键,正如张君劢所说,这"自由意志问题"正是科玄之争的"精核"[19]。

科学派在争论科学与人生观之关系时,所说的都是科学如何能够"决定"人生观,如何能够"说明"人生观,如何能够"培育"某种人生观,但却从来不会讨论,仅仅通过科学,如可能引导"我"自由地选择自己的人生观。而张君劢一开始就强调说:"人生观之中心点,是曰我。"[20]张君劢始终关注的是自由独立的人格如何培育和成熟,而不是去说明某些人格特征的来由为何。他强调,谈论某种人生观的"动机"、"理由"(比如说印度的气候导致了释迦牟尼的人生观),与谈论人生观本身是两码事。[21]谈论"他的人生观为何如此",与谈论"我的人生观应当如何",是完全不同的两种问题,而张君劢关心的人生观问题当然是指后者。因此他反复强调"人生观起于人格之单一性"[22]。无论对他人做出多么细致的分析,轮到自己的人生问题时,仍然需要重新做出决断。如果只靠科学来做分析,永远不能导出自由的选择——即使按照我的生长环境来分析得出我的人生观理应是如此这般,而我仍然可能偏要选择另一种人生道路,这就是自由意志。在张君劢看来,如果没有这种自由选择、突破常规的意志能力,就不可能有创造和革新。

当然，科学派也主张科学教育能够培育良好的人生观，例如丁文江认为，科学"是教育同修养的最好的工具，因为天天求真理，时时想破除成见，不但使学科学的人有求真理的能力，而且有爱真理的诚心。无论遇见什么事，都能平心静气去分析研究……"[23]关于科学的习练能够培养良好的修养，相信张君劢绝不会否认，然而关键在于个中的源流关系。科学作为一项活动，当然有可能陶养人类的某些情操，但其他的许多活动也同样如此。照同样的逻辑，我们也可以说学法律的人能够培养公正心，学医学能够培养仁爱心，学工人可以培养勤奋心，学军人可以培养爱国心，等等。说科学能够培养求真务实的态度也许不假，但人生在世并不只是求真务实就算完善了，在这种意义上科学所能培育的人生观也只不过是一个侧面，而作为整体的人生观的树立却是另一回事。

古代人把科学教育视作"德育"，可不是因为科学能够培育哪些具体的德性，而是在于科学能够培育人的"自由"，而自由的人才能够进一步选择属于自己的向善之路，因为何谓善、何谓公正、何谓仁爱，这些问题都需要自由的人发自内心地去体认，而不应去接受现成灌输的教条。如果丁文江等人强调的是科学教育足以培育自由人格，那么争议的问题将完全不同了。但科学派并没有注意到"自由"的意义。而张君劢并不是说科学或玄学能够训练出某一种特定的人生观来，而是说首先必须依靠全面的人文教育培育出自由的人格，这是每个人独立地选择属于自己的人生道路的前提。

在张君劢看来，与其说是现代科学培育了新人生观，倒不如说是新的人生观培育出了现代科学。之前提到张君劢对西方人道德、政治和科学等方面的诸多赞誉，而张君劢认为，无论是科学精神还是民主思潮，其根源都要推至"西方文艺复兴后之新态度或新人生观"[24]——"欧洲宗教改革以来之理性发展，实为我们学术政治改革之唯一方针，此即我所说新生活与新人生观之基础"。[25] 按照张君劢一贯的思想，这里所说的"理性发展"，无非就是独立思考和自由意志的高扬。当然，这种人生观究竟是新还是旧，是文艺复兴之后形成的，还是自古希腊就一脉相承的，这是值得商榷的问题。但张君劢注意到了自由与科学的源始关联，这一洞见是可贵的。

4 传统的土壤：属于中国的现代化

值得一提的是，从以上的引述来看，张君劢貌似是个彻底的西化论者，他与科学派等对手之不同，恰在于他所倡导的西化更加深入和根本，不仅要引入西方文明之"流"，还要追溯其"源"。然而，既然被认为是新儒家的代表人物之一，张君劢无疑是以某种方式肯定着

第五章 科玄之争——科学时代的人文教育

中国传统文化,这又是为什么呢?

事实上,张君劢之所以仍要肯定中国传统,也是基于他对西方现代化之根源的追溯。所谓"自由意志"于个人而言,就是理性的自觉;而于国家而言,则是独立自强的民族意志的觉醒。追溯西方现代化的源流,在张君劢看来"民族国家成立之价值,实远在文艺复兴与科学发展之上"[26]。他提醒道:"故可为国人告者,若国人但知以发展科学发展文艺为事,而忘民族国家之重要,则十五世纪后之意大利之情况,可为国人借鉴。"[27] 意大利是西方文艺复兴和科学革命的发源地,然而由于长期未能形成一个统一的民族国家,其现代化进程远远落后于欧洲其他国家。张君劢还提示说,德国科技的发达也在其形成统一的民族国家之后方有可能。[28]

好比说个人自由的觉醒有赖于对自己理性能力的自觉与自信,民族意识的觉醒则有赖于对自己的文化性格的自觉与自信。而全盘西化论者对中国传统的全盘鄙弃着实难以树立一种民族自信心来。张君劢指出:"所谓造成新文化,并不是说只要新文化而把旧的文化打倒;尽管采取新文化,旧文化不妨让其存在。因旧者并不妨碍新者之发生。在两者并存之中,各人自然知道选择方法。五四运动以后之'打倒孔家店'、'打倒旧礼教'等口号,是消灭自己的志气来长他人的威风的做法。须知新旧文化之并存,犹之佛教输入而并不妨碍孔门人伦之说，欧洲有了耶教，何尝能阻止科学技术、民主政治之日新月异？"[29]

问题并不在于是否要消灭旧文化，关键在于，旧文化是不可能被消灭的，只是以何种态度去对待的问题。对传统文化百般贬斥并不能让自己摆脱传统的影响，而只会培养出某种既目中无人又自卑自弃的病态心理。张君劢指出，同样的民主和科学等理念，放在不同的民族文化之中，也会呈现出不同的样态模式，他说道："以云鹜新派之所为，其视吾国所固有者皆陈旧朽败，惟有追逐人后而力图改进。曾不思世之可以移植者制度而已条文而已名词而已，其不可移植者为民族心理。同一社会主义也，在英为工党，在德为社会民主党，在俄为鲍雪维几党，与所谓橘逾淮而为枳者，受同一制限矣。"[30] 张君劢认为，"文化之建立，犹之种树，不先考本国之地宜，则树无由滋长"[31]，因此张君劢虽极力主张学习西方文化，但同时先要正视本国的文化，考察其民族特性，这才能"因地制宜"。

自五四以来，我们曾经发动过许多次清剿"传统文化"的运动，从实际的情况看效果并不能让人满意。我们发现许多西方的观念、制度，移植到中国后都变了味。许多人仍然认为问题出在传统文化的残余，认为还是我们没能彻底清剿传统文化，所以难以接受新事物。但在我看来，问题恰恰是我们始终不能正视自己的传统，没能正视我们永远不可能完全摆脱传统这一事实。

当出现问题时，我们将责任不断地推给"传统"，遇到麻烦便一劳永逸地让"传统文化的糟粕"当替罪羊，从来不知道反省自己的浮躁，只会越来越蔑视传统。这是一种恶性循环。

有些人觉得传统文化中有好的部分，于是提倡"去除糟粕，保留精华"，但这也是成问题的。事实上，要甄别何谓糟粕何谓精华，我们首先需要一整套价值标准，我们在一种现成的世界观和价值论底下把传统文化当作资源来提炼，这样提炼出来的无非只是一些标语或口号式的东西，无非是对着那些我们已然信作教条的东西，找到一些古人的言辞来加以修饰罢了。这恰恰不是传统文化的意义。我们看到希腊传统或基督教传统对于现代科学的影响，事实上也都是提供某种张力，不同的观念发生碰撞，在冲突和妥协中逐渐滋生出新的文化来。正如张君劢所言，在新旧文化并存的环境下，我们可以自由地选择自己的人生道路，文化的张力将造成思想的活跃。而在完全接受某种特定的新文化灌输的情况下，去旧文化中拣选一些名言警句，这绝不会造就自由的新思想。

余论：西学为体，中学为用

究竟如何因地制宜地引入西方学术呢？中国的传统应当以何种地位在现代教育体系中保留下来呢？这牵涉到许多具体的问题，我在此只是草率地提一个口号："西体中用"。

这个奇怪的概念并不是我独创的，李泽厚先生也提过。他把"衣食住行"解释为"体"，他所谓的"西体中用"指的是"现代化的'西体''用'在中国这块土地上"。李泽厚先生的一些说法很好，不过我的思路与他不同。

我要说的"西体中用"，并不只是"西方之体用于中国"的意思，而且还是"西学为体，中学为用"的缩写。当年谈论所谓中体西用，也是针对如何理解学术传统的问题，最初的提法是"旧学为体，新学为用"。中国传统有四书五经、经史子集的学术传统，西方则有科学、哲学、政治学、工程学等传统。学习西方学术的同时，要不要保留中国学术的传统不被中断？如果保留中国学术的传统，那么这个学术传统和西方学术之间是怎

第五章 科玄之争——科学时代的人文教育

样的关系？是并列地都教都学，造成求学者人格分裂一般？还是以某种方式互补共处？这些是"中体西用"这一命题试图回答的问题。也就是说中学和西学两脉学术传统并学，但分主次内外之别。中体西用的意思是，中学仍为主体、躯干，西学补充以便提高实用技术方面的力量。

就结果而言"中体西用"的理想失败了，因为现代中国人根本不需要斟酌中学传统和西学传统之间如何取得平衡的问题，而是压根就中断了这个中学的传统。"中学"被扫进了故纸堆，中国古典学术的地位现在与研究古埃及、古罗马，研究德国哲学、英国文学等学术门类没啥本质区别，变成了一个"学术门类"，和高能物理、有机化学等一样，变成现代教育体系底下的一些专门科目，而不是一条独立的学术传统了。在这个继承自西方的教育体系中，中学的地位是可有可无的，除了借"语文"的名义勉强在初等教育中留下一些余脉之外，无关大体。

也就是说,"西学为体"已然成为既定事实,再要复兴旧学,让其重占主体地位,实在是难如登天。

但我提"西体中用"并不只是出于某种大江东去不复归的无可奈何,仿佛中学为体不可能了,就让它勉强在"用"的枝节处安置一下吧。并不只是如此。即便中学为体仍然可能——例如身处晚清的环境下——我仍然会主张"西体中用"。

首先,我认为西方的学术传统与中国的学术传统一样伟大,而在某些方面,例如自由的精神,民主的理念,求知的热忱等等,的确是要高出中国传统一些。

进而,我认为值得我们学习的恰恰是西方学术传统中最核心的骨干部分,例如自由的精神和求知的热情,而不是其"船坚炮利"的器用层面。

在历史上,游牧部落的铁器和马术等"军事技术"往往总要比农业文明的要高超一些,蒙古人也曾凭他们无可阻挡的"铁坚马利"征服了整个中原。但中国从来没有因为我们被压倒性地打败了,就去全盘否定自己的

第五章 科玄之争——科学时代的人文教育

传统文化，而引入游牧文化的学术传统以替之。而中国现代之所以对传统文化失去信心，远不仅仅是西方"船坚炮利"的缘故，事实上中国传统文化由于自唐宋以来就日趋封闭，缺乏交流和活化，本身已有所衰微。面对西方的侵入，我们不仅在军事上抵御不住，而且在文化上也失守了。

当我们在军事上被压倒时，可以"胡服骑射"，可以"师夷之长技以制夷"，但如果我们在文化上也被压倒时，那就不仅仅是学习一些技术就可以的了。

于是，要学习西方文化的主体，要去学习西方科学的理论体系。这种学习本身也没有什么可丢人的，例如以唐代之鼎盛也会主动去西天"取经"，这取来的经书可不是技术知识，而是最根本的一整套精神世界和理论体系。唐朝人取印度学术为己用，西欧人取希腊学术为己用，现代中国人若也能取西方学术为己用，都不是什么丢脸的事情。而学术在移植的过程中也会焕发出前所未有的活力来。历史证明，每一次学术传统的移植都很

佛学东渐

新疆吐鲁番附近的公元9世纪壁画，描绘了中亚和尚（左边蓝眼）向东亚和尚传道的场景。

自汉代起，佛教逐渐传入中国，南北朝起佛学兴盛。到了隋唐时期，中国主动向西域学习，翻译佛经的活动达到高潮，并形成天台宗、华严宗、禅宗等本土宗派，佛学从此成为中国思想、文化和艺术的内在部分，与儒家和道家等传统思想互相交锋也互相影响。

可能在新的土壤中激发一个黄金时代。现代西方辉煌的文明，可以说也正是"希体欧用"的结果。

但要害也在于这个"取为己用"，"用"本义就是指容器（水桶），把其他学术源流的活水接引来后，关键还要兜得住才行。若没有自己的桶，那么西学之流真就成了冲毁一切的洪水了。这样的引流只是一种单纯的文化扩张过程,而谈不上是文化移植了。

那么这个用来兜住体的水桶是什么东西呢?仍然是"实用"之用吗?是的。但所谓实用,并不是指制船造炮的机械技术的层面,而毋宁说正是亚里士多德所谓"实践知识"的层面。也就是说,现代科学成为夷平一切的洪水,并不只是中国人面对的问题,在西方也是这样,他们的容器也兜不住了。

"实践知识"在"理论知识"与"制作知识"之间:从理论层面追求自然之理、万物之道,这是理论知识;从器物层面制造好坚船利炮,这是制作知识;而实践知识意在明智地选取恰当的手段。这一层面既不同于理论知识的直观,也不同于制作知识的构造,而是指向"作为"。

实践知识的代表是伦理学(当然,不是功利主义意义上的现代伦理学,而是追求"至善之路"亦即达到好的途径),也与政治和教育密切相关。这恰恰是中国传统学术最为侧重的方面——仁义礼智,中庸之道,都关注于这个"实践知识"。近代西方人的"希体欧用",也恰恰是把希腊的学术体系移植于一个基督教的伦理、政治环境之中,从而开启了他们的黄金时代。现在我们说"西体中用",正是希望把西方学术之本体移植于中国的礼乐伦理的传统之中。

要达成西体中用的理想,就必须把"实践知识"这个维度召唤回来。用中国传统的词来说,就是"礼乐"的维度。我们不妨重新来诠释一个通常被认为是技术中性论的代表说法:"技术没有善恶,关键取决于人怎么用。"关键就在于这个"用"是什么。技术中立论者接下来要说的往往是:技术可以被用于好的地方,也可以被用于坏的目的。但我要说的是,"用"恰恰不是这个维度,而是指:技术可以被善用,或被滥用。我们要在"善用"与"用于善处"之间做出区分,"善用"开展出一个非对象性的独特空间,"用"的知识不是关于对象的知识。

比如说，刀叉可以用来吃饭，也可以用来伤人，这是技术中立论者的思路；但我更要强调的是，在用刀叉吃饭的时候，有合乎礼仪地用，也有拙劣粗鄙地用，这才是"用"的问题。粗鄙地使用餐具，就达成吃饭的目的而言，也许更具效率，却仍然是滥用。在传统的礼乐社会，每一件东西都有其恰当的使用方式，不过度也不欠缺，用就要用得恰到好处，这才是"用"的学问。

延伸阅读

张君劢等:《科学与人生观》,黄山书社,2008年;中国致公出版社,2009年。

——这本收录了当时玄学派与科学派论争文章的集子,现在读来仍能身临其境地感受到当时中国学界唇枪舌剑的激烈氛围。同一套"西化—现代化"丛书中还收录了关于中西文化、新文化运动等历史争论的原始文献或评述著作,那一时期争论的许多问题至今仍未过时。

本杰明·艾尔曼:《中国近代科学的文化史》,王红霞、姚建根、朱莉丽等译,上海古籍出版社,2009年。

——虽然与本章的主题关系不大,这本书很好地讲述了关于西方科学进入中国的历程,作者以文化史的视角重述了这段科学史——传统的科学史注重的是观念和知识的发现与传播,而传统的文化史更注重政治、经济等层面而较少注意科学史。但在考察中国近代史时,科学与文化不得不放在一起考虑,艾尔曼的这本书提供了一个范例。

张祥龙:《思想避难：全球化中的中国古代哲理》，北京大学出版社，2007年。

——同样与本章的内容关系不大，本书关注在西方文化席卷下中国传统文化的危机现状，讨论了中国传统学术的独特之处及其内在价值。对于张祥龙老师的一些主张，例如建立儒家文化保护区，我持保留意见。但无论如何，张老师对中国传统学术特色和内涵给出了启人深思的阐发。

注释

[1] 张君劢：《明日之中国文化》，中国人民大学出版社，2009年，第76页以下；另见陈先初：《精神自由与民族复兴——张君劢思想综论》，湖南教育出版社，1999年，第213页以下。

[2] 张君劢：《明日之中国文化》，第57页。

[3] 张君劢：《民族复兴之学术基础》，中国人民大学出版社，2006年，第83页。

[4] 张君劢：《明日之中国文化》，第57页。

[5] 张君劢：《民族复兴之学术基础》，第47页。

[6] 同上书，第16页。

[7] 詹姆斯·施密特编：《启蒙运动与现代性》，徐向东、卢华萍译，上海人民出版社，2005年，第61页。

[8] 同上书，第68页。

[9] 蒋梦麟：《建设新国家之教育观念》，见刘铁芳主编：《新教育的精神》，华东师范大学出版社，2007年，第30页。

[10] 刘铁芳主编：《新教育的精神》，华东师范大学出版社，2007年，第83页。

[11] 舒衡哲：《中国启蒙运动》，刘京建译，丘为君校订，新星出版社，2007年，第115页。

[12] 舒衡哲：《中国启蒙运动》，第125页。

[13] 张君劢：《再论人生观与科学并答丁在君》，《科学与人生观》，黄山书社，2008年，第99页。

[14] 菊农：《人格与教育》，见《科学与人生观》，第239页。

[15] 张君劢：《人生观》，见《科学与人生观》，第31页。

[16] 张君劢:《科学之评价》,见《科学与人生观》,第222页。

[17] 张君劢:《再论人生观与科学并答丁在君》,见《科学与人生观》,第103页。

[18] 胡适:《序》,《科学与人生观》,第21页。

[19] 见陈先初:《精神自由与民族复兴——张君劢思想综论》,第234页。

[20] 张君劢:《人生观》,《科学与人生观》,第31页。

[21] 《科学与人生观》,第34页。

[22] 同上书,第35页。

[23] 丁文江:《玄学与科学》,《科学与人生观》,第51页。

[24] 张君劢:《立国之道》,黄克剑等编:《张君劢集》,群言出版社,1993年,第289页。转引自陈先初:《精神自由与民族复兴——张君劢思想综论》,湖南教育出版社,1999年,第207页。

[25] 张君劢:《立国之道》,转引自陈先初:《精神自由与民族复兴——张君劢思想综论》,第207页。

[26] 张君劢:《明日之中国文化》,第50页。

[27] 同上。

[28] 同上书,第56页。

[29] 同上书,第151页。

[30] 张君劢:《民族复兴之学术基础》,第13页。

[31] 张君劢:《明日之中国文化》,第110页。

结语

> 教育就是当一个人把在学校所学全部忘光之后剩下的东西。
>
> ——爱因斯坦

本书第一章讲了古希腊科学，求知的传统和自由的精神，从此开始，科学成为理想人性的培育方式；第二章讲述科学的基督教环境，大学传统的兴起为现代科学提供了土壤，基督教的上帝观念也为新世界观提供了一些思想上的准备；第三章讲述印刷术的影响，印刷术不仅大幅提升了知识传播的速度和知识积累的效率，而且还改变了知识的意义和科学与文本的关系，知识成为白纸黑字的东西；第四章讲述牛顿力学的革命意义，牛顿力学标志着一种新的机械论世界观的树立，而在这种世界观中传统的因果性观念遭到了破坏；第五章以中国的科玄之争为例，讨论了科学时代的人文教育问题。

这五章只是依据作者有限的学识和能力，在科学史

| 结　语

中信手摘取的几个关键问题，当然还远远不能提供一幅完整的科学史的图景来。有许多重要的环节被跳过了——例如堪称"科学的世纪"的19世纪，在本书中几乎只字未提。资本主义、工业革命、大众媒介等重大事件与科学史的关联也大有可谈。

不过本书的旨趣也并不在于提供一套完整的叙事，而是旨在向读者传达一种对科学的理解，进而引发读者的独立思考。

虽然我在引言中曾宣称此书定位于面向公众的科学普及读物，但是你已经发现，这并不是一本轻松的消遣读物，它涉及许多历史、科学和哲学方面的知识背景，缺乏相应背景的读者将在阅读时遇到一些困难，但如果读者能够独立思考、主动求索，一定能够克服它们。如果你在反思和探索之后仍然有什么不理解或不同意的地方，不妨找其他人或者作者本人来提问和交流。

科学不仅是规律和数据的积累，而且是一种文化现象——这是本书贯穿始终的主题。我所关注的是科学发展的文化背景和文化后果。而"自由"是一个关键词，是科学文化的精神内核。

当然，此书的意义并不在于一个命题或一声口号，正如本书已经讲述的那样，这些白纸黑字的、可以模仿的东西，并不是知识的本质。真正重要的是借助一些有益的引导，每个人独立自发地体悟到的东西。

最后值得说明的是，虽然在字里行间我总难免流露出某种"厚古薄今"的态度，但我并不是要反对现代科学，更不想否定现代科学的巨大成功。但这种对过去的追忆毕竟是历史研究之所以饶有趣味并富有教益的缘由。通过追溯历史，我们得以用一种新的视角重新审视今天那些早已被习以为常、见怪不怪的问题，我们能够设想我们现在的生活世界具有更丰富的可能性。好比我们去名胜古迹、去异国他乡旅行，我们常常会惊叹和赞美这些与众不同的世界，但这并不表示我一定很反感我日常所居的世界，更不表示我一定更愿意定居于彼处。

| 结 语

    又比如说我们追忆自己的童年，怀念少年时的纯真、自在、意气风发，我们会赞美逝去的岁月，也会重新审视过去的选择，但这些并不表示对现在的否定和拒斥。当然，在陷入迷茫时，追思一下过去，重审自己走过的道路，有可能会帮自己打开新的思路，但无论如何。怀念过去并不是为了逃避现实，相反，追溯历史往往正是出于对现实处境的严肃反省。

2012年10月13日

图书在版编目（CIP）数据

科学文化史话/胡翌霖著. —北京：北京大学出版社，2014.6
（公众科学素养读本）
ISBN 978-7-301-24209-4

Ⅰ.①科… Ⅱ.①胡… Ⅲ.①科学史－普及读物 Ⅳ.① G3-49

中国版本图书馆 CIP 数据核字 (2014) 第 090112 号

书　　　名：	科学文化史话
著作责任者：	胡翌霖　著
责 任 编 辑：	田　炜
标 准 书 号：	ISBN 978-7-301-24209-4/G·3815
出 版 发 行：	北京大学出版社
地　　　址：	北京市海淀区成府路 205 号　100871
网　　　址：	http://www.pup.cn　新浪官方微博：@北京大学出版社
电 子 信 箱：	pkuwsz@126.com
电　　　话：	邮购部 62752015　发行部 62750672
	编辑部 62750577　出版部 62754962
印　刷　者：	北京大学印刷厂
经　销　者：	新华书店
	880 毫米 ×1230 毫米　32 开本　6.625 印张　100 千字
	2014 年 6 月第 1 版　2014 年 6 月第 1 次印刷
定　　　价：	30.00 元

未经许可，不得以任何方式复制或抄袭本书之部分或全部内容。
版权所有，侵权必究
举报电话：010-62752024　电子信箱：fd@pup.pku.edu.cn